中华文化风采录

美好生活品质

源远的酒道

徐雯茜 ◎编著

U0208696

北方妇女儿童出版社

·长春·

图书在版编目(CIP)数据

源远的酒道 / 徐雯茜编著. —长春：北方妇女
儿童出版社，2017.5（2022.8重印）
（美好生活品质）
ISBN 978-7-5585-1057-1

Ⅰ. ①源… Ⅱ. ①徐… Ⅲ. ①酒文化－介绍－中
国 Ⅳ. ①TS971.22

中国版本图书馆CIP数据核字（2017）第103427号

源远的酒道

YUANYUAN DE JIUDAO

出 版 人	师晓晖
责任编辑	吴 桐
开 本	700mm×1000mm 1/16
印 张	6
字 数	85千字
版 次	2017年5月第1版
印 次	2022年8月第3次印刷
印 刷	永清县晔盛亚胶印有限公司
出 版	北方妇女儿童出版社
发 行	北方妇女儿童出版社
地 址	长春市福祉大路5788号
电 话	总编办：0431-81629600
定 价	36.00元

习近平总书记说："提高国家文化软实力，要努力展示中华文化独特魅力。在5000多年文明发展进程中，中华民族创造了博大精深的灿烂文化，要使中华民族最基本的文化基因与当代文化相适应、与现代社会相协调，以人们喜闻乐见、具有广泛参与性的方式推广开来，把跨越时空、超越国度、富有永恒魅力、具有当代价值的文化精神弘扬起来，把继承传统优秀文化又弘扬时代精神、立足本国又面向世界的当代中国文化创新成果传播出去。"

为此，党和政府十分重视优秀的先进的文化建设，特别是随着经济的腾飞，提出了中华文化伟大复兴的号召。当然，要实现中华文化伟大复兴，首先要站在传统文化前沿，薪火相传，一脉相承，弘扬和发展5000多年来优秀的、光明的、先进的、科学的、文明的和自豪的文化，融合古今中外一切文化精华，构建具有中国特色的现代民族文化，向世界和未来展示中华民族具有独特魅力的文化风采。

中华文化就是中华民族及其祖先所创造的、为中华民族世世代代所继承发展的、具有鲜明民族特色而内涵博大精深的优良传统文化，历史十分悠久，流传非常广泛，在世界上拥有巨大的影响力，是世界上唯一绵延不绝而从没中断的古老文化，并始终充满了生机与活力。

浩浩历史长河，熊熊文明薪火，中华文化源远流长，滚滚黄河、滔滔长江是最直接的源头，这两大文化浪涛经过千百年冲刷洗礼和不断交流、融合以及沉淀，最终形成了求同存异、兼收并蓄的辉煌灿烂的中华文明。

中华文化曾是东方文化的摇篮，也是推动整个世界始终发展的动力。早在500年前，中华文化催生了欧洲文艺复兴运动和地理大发现。在200年前，中华文化推动了欧洲启蒙运动和现代思想。中国四大发明先后传到西方，对于促进西方工业社会形成和发展曾起到了重要作用。中国文化最具博大性和包容性，所以世界各国都已经掀起中国文化热。

中华文化的力量，已经深深熔铸到我们的生命力、创造力和凝聚力中，是我们民族的基因。中华民族的精神，也已深深根植于绵延数千年的优秀文化传统之中，是我们的精神家园。但是，当我们为中华文化而自豪时，也要正视其在近代衰微的历史。相对于5000年的灿烂文化来说，这仅仅是短暂的低潮，是喷薄前的力量积聚。

中国文化博大精深，是中华各族人民5000多年来创造、传承下来的物质文明和精神文明的总和，其内容包罗万象，浩若星汉，具有很强的文化纵深感，蕴含丰富的宝藏。传承和弘扬优秀民族文化传统，保护民族文化遗产，已经受到社会各界重视。这不但对中华民族复兴大业具有深远意义，而且对人类文化多样性保护也有重要贡献。

特别是我国经过伟大的改革开放，已经开始崛起与复兴。但文化是立国之根，大国崛起最终体现在文化的繁荣发展上。特别是当今我国走大国和平崛起之路的过程，必然也是我国文化实现伟大复兴的过程。随着中国文化的软实力增强，能够有力加快我们融入世界的步伐，推动我们为人类进步做出更大贡献。

为此，在有关部门和专家指导下，我们搜集、整理了大量古今资料和最新研究成果，特别编撰了本套图书。主要包括传统建筑艺术、千秋圣殿奇观、历来古景风采、古老历史遗产、昔日瑰宝工艺、绝美自然风景、丰富民俗文化、美好生活品质、国粹书画魅力、浩瀚经典宝库等，充分显示了中华民族厚重的文化底蕴和强大的民族凝聚力，具有极强的系统性、广博性和规模性。

本套图书全景展现，包罗万象；故事讲述，语言通俗；图文并茂，形象直观；古风古雅，格调温馨，具有很强的可读性、欣赏性和知识性，能够让广大读者全面触摸和感受中国文化的内涵与魅力，增强民族自尊心和文化自豪感，并能很好地继承和弘扬中国文化，创造未来中国特色的先进民族文化，引领中华民族走向伟大复兴，在未来世界的舞台上，在中华复兴的绚丽之梦里，展现出龙飞凤舞的独特魅力。

悠悠酒香——酒的源流

酒之蕴涵——酒道兴起

借酒感怀——诗酒流芳

美酒天下——文化纷呈

酒道嬗变——酒的风俗

酒的源流

　　我国制酒源远流长，品种繁多，名酒荟萃，与中华文化密切相关。史前时期，原始部落的人们采集的野果在经过长期的贮存后发酵，然后形成酒的气味。经过最初的品尝后，他们认为，发酵后果子流出的水也很好喝，于是，就开始了酿造美酒，从而使我国酒文化蕴涵着远古意蕴。

　　酒的发明者，人们共推我国上古以及夏代的仪狄、杜康以及商代的伊尹，他们对其有过巨大贡献。夏商时期酒文化的萌芽，说明古代农业生产有了很大的发展，也证明了当时酿酒工艺的进步。

神农氏与黄帝发现酒源

　　我国上古时期，有一位伟大的部落首领，叫神农氏。由于当时五谷和杂草长在一起，谁也分不清，神农氏就想出了一个办法，自己亲自尝百草，分辨出哪些是可吃的粮食，为百姓充饥；哪些是可治病的草药，为百姓治病。

神农尝百草

　　神农氏开始了他的伟大实践。在尝百草期间，神农氏发现了谷物种子，他将种子放在洞穴里储存，有一次不小心被雨水浸泡了。

　　谷物种子经过自然发酵，流淌出了一种液体，并且还能饮用，当时称为醴。

　　有一次，神农氏来到株洲境内的一座山前，山峰下有一眼泉水，泉水潺潺流淌。泉眼旁山花烂漫，长着许多红色、有刺、无毛的野果。

神农氏尝了尝甘甜的泉水，又品尝了这种红色野果，顿觉心旷神怡，精力充沛。于是，他就用泉水泡这种野果，然后将野果浸泡后流出的液体洞藏起来，日日饮用，可医治百病。

从此，人们将这眼泉水称为"神农泉"，将这种能泡酒的野果称为"神农果"。

神农氏被后世尊称为炎帝，他和黄帝是我们中华民族的共同祖先。上古时期的很多发明创造，都出现在炎帝和黄帝时期。

■ 神农采药图

相传黄帝要选用祭祀上天和招待各部落首领的物品，炎帝敬献"鬯"，黄帝问这是何物，炎帝答说这是鬯，是用五谷中的黍米酿造的。

炎帝请黄帝为此物赐名，黄帝听说此物生长在黄河两岸的黄土地，乃赐名为"黄酒"。后经多次试验，终于形成了酿造黄酒的技法。

自从黄酒成功酿造后，中华民族的子孙就用黄酒作为祭祀、庆功庆典以及招待尊贵上宾的圣物，世代相沿。黄酒是我国历史上最古老的谷物酿造酒。

在我国最早的诗歌总集《诗经》中有"秬鬯一卣"的记载。秬，就是黑黍；鬯，是香草。秬鬯，是

神农氏 我国古代的神话人物。姜水流域姜姓部落首领。他制耒耜，种五谷。织麻为布，民着衣裳。制作陶器，改善生活。因功绩显赫，以火德称氏，故为炎帝，尊号神农，并被后世尊为我国农业之神。他与黄帝结盟并逐渐形成了华夏族。人民也因此称作炎黄子孙。

■ 黄帝画像

源远的酒道

黄帝　传说中古华夏部落联盟首领。以统一华夏部落与征服东夷、九黎族而统一中华的伟绩载入史册。在位期间，播百谷草木，大力发展生产，始制衣冠、建舟车、制音律、创医学等。黄帝是"五帝"之首，被尊为中华民族的"人文初祖"。

古人用黑黍和香草酿造的酒，用于祭祀降神。

黄帝和蚩尤发生大战时，黄帝的队伍来到西龙山下。此时正逢盛夏，烈日当空，队伍兵乏马困。黄帝便命人去找水，但是过了大半天也没有找到。

黄帝一着急，"呼"地一下从石头上站起来了，忽然觉得刚才坐的这块石头特别冰凉，周身的汗水霎时全部消失了，甚至冷得浑身打战。

黄帝弯下腰，用力将这块大石头搬起。谁料，石头刚刚搬开一条缝，一股清澈透明的泉水从石头缝里冒出来。黄帝大喊："有水了！"

士兵一听有水了，赶忙前来帮助黄帝将这块石头搬开，水流更大了。士兵顾不得一切，有的用双手捧水喝，有的就地趴下喝。水越流越大，很快就解决了全军战士的口干舌燥。军队喝足了水，解了渴，而且觉得肚子也像吃饱了饭。人们都感到奇怪，但谁也解释不了。

这时，突然又传来了军情紧急报告，说是蚩尤军队又追上来了。来势凶猛，看样子要和黄帝军队在西龙山下决一死战。

黄帝问明了情况，命令大将应龙、力牧集合军队，把蚩尤军队引向东川，那里没有水源。黄帝和风后亲自带领了一支精悍军队，翻山埋伏，截断蚩尤军队的退路。经过激战，蚩尤溃不成军，除少数人逃跑外，其余全军覆没。

为了纪念这次胜利，黄帝命仓颉把西龙山拐角山下这股泉水命名为"救军水"。

不知又过了多少年，发生了一次大地震，"救军水"一下子断流了，当时的先民都觉得奇怪。人们到处奔走相告，有人还求神打卦。

唯有酿酒的大臣杜康，整天趴在"救军水"泉边，面对干涸的泉眼，忧心忡忡："救军水"酿出来的酒不光是好喝，还能治病。现在水源断了，从哪里再寻找这么好的水酿酒呀！

黄帝知道了此事，也觉得是一大损失，就请来挖井能手伯益，挖井寻找"救军水"的水脉。经过一个

伯益 又作伯翳、柏翳、化益、伯鹥等，出生于山东西南部中原地区。传说他能领悟飞禽语言，被尊称为"百虫将军"。在他的带领下，我国早期先民学会了建筑房屋，凿挖水井。因此被我国民间尊称为"土地爷"，并受到不同形式的供奉。

■ 古人酿酒场景

■古代酿酒画像砖

多月时间，井里出水了。人们饮用后，都说这是"救军水"的味道，甘甜味美。

杜康又用此水酿酒，酿出来的酒比原来的味道更好，气味芳香，很有劲。在伯益的提议下，黄帝就把这口井命名为"拐角井"。

这些传说都说明，在炎帝和黄帝时期，人们就已开始酿酒。此外，汉代成书的《黄帝内经·素问》中也记载了黄帝与岐伯讨论酿酒的情景，书中还提到一种古老的酒"醴酪"，即用动物的乳汁酿成的甜酒。由此可见，我国酿酒技术有着悠久的历史。

阅读链接

传说由神农氏发明的"神农酒"，在古代长久流传下来，在宋代已大有名气。相传宋太祖赵匡胤戎马一生，龙体欠佳，御医就让他每日饮三杯神农酒，结果身体很快恢复。

967年，宋太祖降旨在炎陵县鹿原坡大兴土木兴建了神农庙。自此而始，后人便于每年的农历九月初九在神农庙里朝拜神农始祖，以祈求幸福安康，并向炎帝敬酒三杯，以示感恩和纪念。在我国南方的湘、鄂、赣、闽、粤、桂地区，沿袭着常年用谷酒或米酒配制中药材浸制药酒的传统。

仪狄与杜康发明酿酒术

上古时期，大禹因为治水有功而被舜禅让为天下之主，但是因为国事操劳，使他十分劳累，巨大的压力使他吃不下饭也睡不着觉，逐渐瘦弱下来。

禹的女儿眼看着父王每天为国事繁忙，甚是心疼，于是请服侍禹膳食的女官仪狄来想办法。仪狄领命后，不敢怠慢，立即想办法寻找可口的食物，给禹王补身体。

这一天，仪狄到深山里打猎，希望猎得山珍美味。这时，她却意外地发现了一只猴子在吃一滩发酵的汁液，原来这是桃子流出来的汁

■ 大禹画像

■仪狄造酒浮雕

源远的酒道

液。猴子喝了之后，便醉倒了，而且看上去它还有十分满足的样子。

仪狄十分好奇，她也想亲自品尝品尝。仪狄尝了之后，感到全身热乎乎的，很舒服，而且整个人筋骨都活络起来了。仪狄不由得高兴起来：想不到这种汁液可以让人忘却烦恼，而且睡得十分舒服，简直是神仙之水啊！

仪狄赶紧用陶罐将汁液装好，拿来给禹王饮用。大禹被这香甜浓醇的味道深深地吸引住了，胃口大开，一时间觉得精神百倍，体力也逐渐恢复了。

仪狄因为受到禹王对自己的肯定，便决心研究造酒技术。在精卫、小太极和大龙的帮忙下，仪狄终于完成了第一次造酒，大家都兴奋地急着想品尝。

仪狄首先喝了一口，她喝了之后差点儿没吐出来，因为喝起来就像馊水一样。原来是汁液还没有经过"发酵"这个步骤，所以第一次造酒失败了。

但是仪狄不气馁，在大家的帮助下，经过不停的试验，终于酿制出美味的酒液来。

在一次盛大的庆功宴会上，大禹吩咐仪狄将所造的酒拿来款待大家，大家喝了后，都觉得是人间美味，愈喝愈多，感觉就像腾云驾雾一样舒服。

禹 姓姒，名文命，史称大禹、帝禹，为夏后氏首领、夏朝第一任君王。禹是黄帝的玄孙、颛顼的孙子。相传，禹治理黄河有功，受舜禅让继帝位。在诸侯的拥戴下，53岁的禹王正式即王位，国号夏，因此后人也称他为夏禹。

大禹也十分高兴，封仪狄为"造酒官"，命令她以后专门为朝廷造酒。

仪狄造酒的故事被后来的古籍记载下来。战国时期的吕不韦在《吕氏春秋》中说："仪狄作酒。"而汉代经学家刘向的《战国策》记载得较为详细：

> 昔者，帝女令仪狄作酒而美，进之禹，禹饮而甘之，遂疏仪狄，绝旨酒。曰："后世必有以酒而亡国者。"

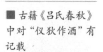

精卫 古代神话中所记载的一种鸟，相传是炎帝的女儿。由于在东海中溺水而死，所以死后化身为鸟，名叫精卫，常常到西山衔木石以填东海。精卫累死后，有海鸥、海燕等许多类小鸟开始继承精卫的精神，每天都要在大海中飞翔，衔石投海。

悠悠酒香

酒的源流

不管怎样，仪狄作为一位负责酿酒的官员，完善了酿造酒的方法，终于酿出了质地优良的酒醪，此酒甘美浓烈，从而成为酒的原始类型。

与仪狄同一时期，还有杜康酿酒的传说。杜康曾经为大禹治水献出过奇方妙策，大禹建立夏王朝后，就让他担任庖正，管理着全国的粮食。

有一天，禹王传旨令杜康上朝。杜康匆匆来到宫中，正要叩拜禹王，却听见禹王打雷似的吼道："把杜康捆起来！"

杜康不知自己身犯何罪，正待要问个明白，却见自己属下管粮库的仆从黄浪说："杜庖正，蒲四仓一库粮食霉坏了！都怪您拿走库房钥匙，几个月

■ 古籍《吕氏春秋》中对"仪狄作酒"有记载

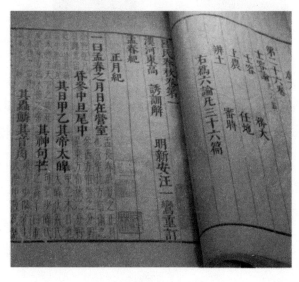

竟忘了还给小人。"

杜康一听，对禹王说："启奏陛下，小臣前天在花园偶然捡到库房钥匙，即刻找来黄浪责问，他谎说两个时辰前丢失。臣万没料到事已至此。罪在臣尽职不细。"

黄浪分辩道："禹王在上，我黄浪身居杜庖正手下仆从，若是我丢了钥匙，他能轻饶于我？若钥匙在我手中，发现霉粮禀报大王，岂不是自投罗网？"

杜康气得说不出话来。

禹王听黄浪滔滔不绝，见杜康怒而不语，以为杜康无理可辩，便喝令一声："把杜康推出斩首。"

卫士们推着杜康，来到刑场，举起大刀，正要劈将下去，却听得一声大喝："刀下留人！"

卫士们一惊，抬眼看去，原来是德高望重的造酒官仪狄。她来到杜康身边，问了曲直原委，急匆匆地到宫中去了。

杜康塑像

仪狄到宫中，对禹王说："杜康素怀大志，德才兼备，倘若仓促处斩杜康，必有三大不利：一则伤了人才；二则百官寒心；三则万一事有出入，岂不有损禹王的清名？"

此时，禹王盛怒已过，又见仪狄说得有理，待要收回成命，又怕百官耻笑自己轻率，便下令道："免杜康一死，重责二十，逐还乡里。命黄浪取代庖正。"

临行前，杜康到了粮库跟

■仪狄造酒浮雕

前，只见霉粮已经清出库外。他抓起一把发芽霉烂的大麦和黍米，反复观看，心似刀扎一般疼痛。

忽然，杜康闻到霉粮中一股奇异的香味扑鼻而来，若有所思。这时仪狄前来送行，她送给杜康一个刻字骨片，上边刻着这样几个字："鹰非鸡类，伤而勿哀，心存大众，励精勿衰。"

仪狄的鼓励，把杜康一颗冰凉的心说得热乎起来。他装了几包霉粮，回到了家乡。

杜康自回到家中，闭户不出，想着自己尽职不细，造成霉粮，心内疚惭。他舀来霉粮，放在身边，反复探究香味的来由，思考着挽回损失的办法。

隔壁李大伯见杜康闭户不出，特地前来探望，一进门，二话未说却惊异地问："杜康，你从哪儿搞来了神水？"

杜康莫明其妙地摇了摇头。李大伯笑着说："骗不了我！骗不了我！这神水闻起来香，喝起来甜，能治病消灾，一进门我就闻见它的气味了。"

黍 我国古代主要粮食及酿造作物，列为五谷之一。黍米是我国北方地区特有的品种，而品质当属山西省北部地区的最好。当地民间百姓将黍米磨成面粉，再制成炸糕，用来款待亲友和客人，从而成了本地最有特色的传统风味食品。

■古代酿酒坊

听了李大伯的话，杜康把霉粮指给大伯看。李大伯抓起一把，闻了闻，更为惊怪，皱着眉头说："这才奇了，霉粮的气味，咋和神水的香味一样呢？"

李大伯就说出了一段奇遇：有一天，李大伯去北山砍柴，砍了半天，口渴得要命，这时，他在一棵果树下发现有个凹槽，盛了半槽水。李大伯一口气喝了个饱，抬起头时，感到口里润滑如玉，水中有奇特的香味，低头看时，凹槽里沉着几颗霉烂的果子。第二天，李大伯路过此地，又去喝，一连喝了几天，不仅浑身来劲，还把多年腹胀的老病根给除了。他想，这一定是自己一生纯正，老天爷特意赐舍的神水。

杜康听罢老伯的叙述，却生出了一个念头来：霉烂的果子泡在槽里盛积的雨水中能生出神水，霉粮泡在清水里行不行呢？

杜康舀来一罐清水，倒进霉粮，放在阴凉干燥处，眼巴巴地等待着神水的出现。好多天过去了，罐子里飘不出香味。杜康又变着别的法儿试制，都没有结果。这时他神情十分沮丧，恨自己无能呀！

杜康在家中实在坐不住了，就到村东头的沟里去散心。无意中，他发现一眼奇特的泉水。别的泉水都结了坚冰，唯独这眼泉水却洁净透明，隐隐喷动，更奇怪的是，泉水里还散着一股淡淡的清香。

杜康又惊又喜，他从家取来罐子，打一罐泉水回家，将霉粮掺进泉水罐，放在热炕上，白天守着看，晚上贴着眠。

过了几天，霉粮发生了变化，香味也在变浓。半月之后，一股浓香弥漫了室内，飘在了院中，飞过墙去，招来了李大伯。

李大伯兴冲冲地喝了一口，顿觉柔润甘甜，回味无穷，便不迭声地夸赞道："好神水！好神水！"

这件事一经传开，立时轰动了康家卫一带百八十里的地方，人们都传说着杜康制出了神水，能消灾治病，神通非凡。每日间求神水的人络绎不绝，一个小小康家卫显得十分红火。

这时，杜康觉得这神水能不能多喝，心中无数，便想亲自尝尝。他端来一碗神水，一气喝下，只觉得浑身清爽，精神倍增，又舀来一碗，仰头喝完，更觉得清香满口，再舀来一碗喝完，却感到头重脚轻，天旋地转，向床上一躺，蒙眬了一阵，就不省人事了。

杜康倒在床上不久，一个乡邻前来要神水。进得草堂，叫了几声杜康，见杜康死睡不应，又用手去推，发现杜康脸色惨白，来人吓得放声痛哭。哭声惊动了四邻八舍，不大工夫，人们就挤满一院。

这一哭却把杜康吵醒了，他伸胳膊展腿动了几下，一骨碌爬起来，揉了揉眼，仿佛睡了一个大觉。人们问清原因，方才放心。

弄清了神水的用量，杜康又忙碌着研制新的酿造办法。正当杜康苦于霉粮快用

■杜康泉

■西周虢季铜圆酒壶

完时，李大伯拿来好的黍米，要杜康把霉粮和它掺在一起制神水。

杜康经过试验，果然制出了好神水，又试了几次，一次比一次放的霉粮少，制出的神水也越来越美。

杜康又用霉粮做引子，引子快完时，再掺进发芽的大麦和黍米，做成引子，这样一来，引子不断，神水不绝。

这一天，大禹早朝，只见黄浪抱出一个罐子，口称数日辛劳，制成玉液神水，除病消灾，功力神异，特向禹王进献。

禹王大喜，接过罐子，打开封盖，果然异香扑鼻，弥漫宫廷，群臣敬羡不已。只有仪狄心生疑团。

禹王举罐喝了一口，连声夸奖道："好神水！好神水！"于是，他乘一时高兴，咕咚咕咚地喝将起来，不一会儿，就把一罐神水喝光了。等到放下罐子，却见他面红耳赤，眼中充血，口里不住地乱语。

仪狄忙叫宫卫搀扶禹王至后宫休息。约摸过了两个时辰，禹王又气冲冲地回到宫中，愤怒地责骂黄浪弄来什么毒药，要毒害他。黄浪吓得六神无主，慌忙中招出他差人取来的是杜康造的神水。

禹王一听神水是杜康所造，便喝令宫卫去抓杜

大麦 我国古老的作物。据考证，早在新石器时代中期，古羌族就已在黄河上游开始栽培，距今已有5000年的历史。大麦具有早熟、耐旱、耐盐、耐低温冷凉、耐瘠薄等特点，因此栽培非常广泛。

康。仪狄立即跪奏，把杜康造神水的经过说了个一清二楚，又说神水性烈，不宜多饮，饮多了就会失态。仪狄是禹王最信得过的大臣，听了这番叙说，他才释了疑团，下令请杜康速速进宫叙话。

杜康叩拜禹王，禹王走下王位，搀起杜康，懊悔地说："卿素心清雅，其诚感天。昔日使卿蒙受冤屈，皆为我之过也！今为酉日，卿冤案已平，神水亦应更香。为了表彰卿之忠诚，我欲将三点水旁加酉的'酒'字赐为神水之名，不知卿意如何？"

杜康忙说："禹王褒奖，杜康受之有愧，愿以有生之年，多造好酒，以报禹王浩荡天恩。"禹王见杜康决心已定，也不好强留。

后来，杜康回到家乡，终年造酒，遂使酒的质量越来越好。

杜康百年之后，家乡的人却传说杜康并没有死，只是因造酒劳累过度，睡着后好久未醒。

传说仙童玉女们垂涎酒香，悄悄从梦中把杜康带到天上。等杜康睡醒后，又要重返人间，玉帝却强留不放，命他做瑶池宫经济总管。杜康却只想造酒。玉帝无奈，只好让他重操旧业，继续造酒。果然，杜康在天堂又造出了瑶池玉液的好酒来。

阅读链接

在我国古书《世本》中，有"仪狄始作醪，变五味"的记载。仪狄是夏禹时代司掌造酒的官员，相传是我国最早的酿酒人，女性。东汉许慎《说文解字》中解释"酒"字的条目中有："杜康作秫酒。"《世本》也有同样的说法。更带有神话色彩的说法是"天有酒星，酒之作也，其与天地并矣"。

这些传说尽管各不相同，大致说明酿酒早在夏朝或者夏朝以前就存在了，夏朝距今约4000多年，而夏代古墓或遗址中均发现有酿酒器具。这一发现表明，我国酿酒起码在5000年前已经开始，而酿酒之起源当然还在此之前。

夏商酒文化开始萌芽

远古时期的酒，是未经过滤的酒醪，呈糊状和半流质，对于这种酒，不适于饮用，而是食用。食用的酒具一般是食具，如碗、钵等大口器皿。

夏朝青铜爵

远古时代的酒器制作材料主要是陶器、角器、竹木制品等。夏代酒器的品类较之前有了很大的发展，但颇显单调，主要是陶器和青铜器，少数为漆器。

夏代陶制酒器器形已相当丰富，有陶觚、爵、尊、罍、鬶、盉。不过，这时帝王贵族使用的饮酒器，开始出现了青铜器，如铜爵、斝和漆觚等。

从二里头夏代遗址发现的铜器

来看，很多都是酒器。其中有一种叫作"爵"，其制造技术很复杂，有一个很长的流和尾，腹部底下有3个足，腰部细而内收，底部是平平的。是我国已知最早的青铜器，在中华历史上具有重要的地位。

当时乡人于农历十月在地方学堂行饮酒礼。在开镰收割、清理禾场、农事既毕以后，辛苦了一年的人们屠宰羔羊，来到乡间学堂，每人设酒两樽，请朋友共饮，并把牛角杯高高举起，相互祝愿大寿无穷，当然也预祝来年丰收大吉，生活富裕。

到了商代，酒已经非常普遍了，酿酒也有了成套的经验。我国最古老的史书《尚书·商书·说命下》中说：

　　若作酒醴，尔惟曲蘖；若作和羹，尔为盐梅。

曲，酒母。曲蘖，就是指制酒的酒曲。意思是

罍 是商朝晚期至东周时期大型的盛酒和酿酒器皿，有方形和圆形两种形状，其中方形见于商代晚期，圆形见于商朝和周朝初年。从商到周，罍的形式逐渐由瘦高转为矮粗，繁缛的图案渐少，变得素雅。

爵 我国古代一种用于饮酒的容器，多发现于商代和西周的青铜礼器中。后演变为君主国家贵族封号，爵位、爵号，是古代皇帝对贵戚功臣的封赐，周代有公、侯、伯、子、男五种爵位。

源远的酒道

■古代酒具

伊尹 名伊，商初大臣。生于伊洛流域古有莘国的空桑涧，即山东曹县。是杰出的思想家、政治家、军事家。是历史上第一个以负鼎俎调五味而佐天子治理国家的杰出庖人。他创立的"五味调和说"与"火候论"，至今仍是中国烹饪的不变之规。我国历史上第一个贤能相国、帝王之师、中华厨祖。

说，要酿酒，必须用酒曲。

用蘖法酿醴在远古时期也可能是我国的酿造技术之一，商代甲骨文中对醴和蘖都有记载。这就是后世啤酒的起源。

酒的广泛饮用引起了商王朝的高度重视。伊尹是商汤王的右相，助汤王掌政十分有功，德高望重。汤王逝世，太甲继位，伊尹为商王朝长治久安而作《伊训》，力劝太甲认真继承祖业，不忘夏桀荒淫无度而导致夏亡的教训，教育太甲，常舞则荒淫，乐酒则废德。陶制酒器在商代除了精美的原始白酒器外，一般是中小贵族及民间使用，当时帝王和大贵族使用的酒器主要是青铜酒器。

在商代，由于酿酒业的发达，青铜器制作技术提高，我国的酒器达到前所未有的繁荣，出现了"长勺氏"和"尾勺氏"这种专门以制作酒具为生的氏族。

传说，周公长子伯禽，受封于鲁国，分到了"殷民六族"，即条氏、徐氏、萧氏、索氏、长勺氏、尾勺氏。

民间传说，长勺氏的冶炼技术传承来自太上老君，是他把精湛的冶炼技术传给了长勺氏，又经长勺氏的历代发展，铸造技术越来越精湛。

由于长勺氏和尾勺氏制作酒器的技术高超，当时上至达官贵人，下至黎民百姓，都使用他们生产的酒具和水器，水器是用来舀食物、舀水的生活用具，如长把勺子、碗、瓢等等。

但是，由于当时的盛酒器具和饮酒器具多为青铜器，其中含有锡，溶于酒中，使商朝的人饮后中毒，身体状况日益衰弱。同时，当朝的执政者并不能都接受教训，到了商纣王时，仍然嗜酒，传说纣王造的酒池可行船，这最终导致了商代的灭亡。

商代酒器发展较快，品类迅速增多，以陶器和青铜器为主，另有少量原始瓷器、象牙器、漆器和铅器等作辅助。器形有陶瓿、爵、尊、罍、盉、铜瓿、卣、斝、瓿、方彝、壶、杯子、挹等。

殷商时代祭祀的规模很宏大。在《殷墟书契前编》中有一条卜辞，即"祭仰卜，卣，弹鬯百，牛百用。"一次祭祀

■商代酒器青铜觚

■古代祭祀用的酒具

要用100卣酒，100头牛。祭祀用的卣约盛3斤酒，百卣即300斤。

祭祀天地先王为大祭，添酒3次；祭祀山川神社为中祭，添酒2次；祭祀风伯雨师为小祭，添酒1次。元老重臣则按票供酒，国王及王后不受此限。

酒器的丰富和祭祀用酒，体现了夏商酒文化开始萌芽，并且说明了当时的农业生产有了很大的进步和发展。

阅读链接

尊和罍一样，为盛酒之器。由于在商代及西周初年，人们普遍使用尊这种酒器，以至于使尊和酒紧密地联结在一起，在后世文章中常出现"尊酒"之称。

唐代诗人韩愈《赠张籍》云："尊酒相逢十载前，君为壮夫我少年;尊酒相逢十年后，我为壮夫君白首。"宋代诗人陆游《东园晚步》诗有句道"痛饮每思尊酒窄"，尊酒连称，指酒宴或酒量。清初诗人钱谦益《饮酒七首》之二云："岂知尊中物，犹能保故常。""尊中物"即指酒，与"杯中物"同义。

西周时期酿酒技术的逐步成熟和酒道礼仪的形成，在尊老重贤的中华传统中有着深远的意义。春秋战国时期，由于物质财富大为增加，从而为酒文化的进一步发展提供了物质基础。

秦汉统一王朝的建立，促进了经济的繁荣，酿酒业兴旺起来。从提倡戒酒，减少五谷消耗，到加深了对酒的认识，使酒的用途扩大，构成了调和人伦、愉悦神灵这一汉人酒文化的精神内核。魏晋南北朝时期，饮酒风气极盛，酒的作用潜入人们的内心深处，使酒文化具有了新的内涵。

酒道兴起

周代形成的酒道礼仪

周成王姬诵执政时，由于他年少，便由周公旦辅政。周公旦励精图治，使西周王朝的政治、经济和文化事业都得到了空前的发展。当时的酒业也迅速地发展起来。

■尹吉甫画像

西周酿酒业的发展首先体现在酒曲工艺的加工上，据周代著作《尚书·商书·说命下》中说："若作酒醴，尔惟曲蘖。"说明当时曲蘖这个名称的含义也有了变化。

西周时制的散曲中，一种叫黄曲霉的菌已占了优势。黄曲霉有较强的糖化力，用它酿酒，用曲量较之过去有所减少。

由于黄曲霉呈现美丽的黄色，周代王室认为这种颜色很美，所以用黄色布制作了一种礼服，就叫"曲衣"，以至于黄色成为后世帝王的专用颜色。

西周时期，有个叫尹吉甫的，他是西周宣王姬静的宰相，是一位军事家、诗人、哲学家。他在成为周宣王的大臣之前是楚王的太师。一日朝堂之上，楚王派尹吉甫作为使者向周宣王进贡。于是，尹吉甫就带上一坛家乡房陵产的黄酒献给周宣王。

■ 酿酒发酵池

当时的房陵已经掌握了完整的小曲黄酒的酿造技术，当尹吉甫将房陵黄酒呈上殿后，开坛即满殿飘香。周宣王尝了一口，不禁大赞其美，遂封此酒为"封疆御酒"。并派人把房陵这个地方每年供送的黄酒用大小不等的坛子分装，储藏慢用。

从此，黄酒不仅拥有了御赐"封疆御酒"的殊荣，还被周王室指定为唯一的国酒。

西周时不仅酒的酿造技术达到相当的水平，而且已经有了煮酒、盛酒和饮酒的器具，还有专做酒具的"梓人"。

西周早期酒器无论器类和风格都与商代晚期相似，中期略有变化，晚期变化较大，但没有完全脱离早期的影响，仍以青铜酒器为大宗，原始瓷酒器略有

酒曲 是在经过强烈蒸煮的白米中移入曲霉的分生孢子，然后进行保温，米粒上便会茂盛地生长出菌丝，这就是酒曲。关于酒曲的最早文字是周代著作《尚书·商书·说命下》中的"若作酒醴，尔惟曲蘖"。酒曲的生产技术在北魏时的《齐民要术》中第一次得到全面总结，在宋代已达到极高的水平。

西周时期的酒器

发展，漆酒器品类较商代晚期为多。

在北京房山琉璃河西周燕国贵族墓地中发现有漆罍、漆觚等酒器，色彩鲜艳，装饰华丽，器体上镶嵌有各种形状的蚌饰，是我国最早的螺钿漆酒器，堪称西周时期漆酒器中的珍品。

为了酿好和管好酒，西周还设置了"酒正""酒人"等，以此来掌酒之政令。同时还制定了类似工艺、分类的标准。周代典章制度《周礼·天官》中记载酒正的职责：

酒正……辨五齐之名，一曰泛齐，二曰醴齐，三曰盎齐，四曰醍齐，五曰沈齐。辨三酒之物，一曰事酒，二曰昔酒，三曰清酒。

"五齐"是酿酒过程的5个阶段，在有些场合下，又可理解为5种不同规格的酒。

"三酒"大概是西周王宫内酒的分类。"事酒"是专门为祭祀而准备的酒，有事时临时酿造，故酿造期较短，酒酿成后，立即使用，无须经过贮藏；"昔酒"则是经过贮藏的酒；"清酒"大概是最高档的酒，大概经过过滤、澄清等步骤。这说明酿酒技术已较为完善。

反映秦汉以前各种礼仪制度的《礼记》中，记载了被后世认为是酿酒技术精华的一段话：

> 仲冬之月，乃命大酋，秫稻必齐，曲蘖
> 必时，湛炽必洁，水泉必香，陶器必良，火
> 齐必得，兼用六物，大酋监之，无有差忒。

"六必"字数虽少，但所涉及的内容相当广泛全面，缺一不可，是酿酒时要掌握的六大原则问题。

到了东周时期，酒器中漆器与青铜器并重发展。青铜酒器有尊、壶、缶、鉴、扁壶、钟等，漆酒器主要有耳杯、樽、卮、扁壶。另有少量瓷器、金银器，陶酒器则较少见了。

周代实行飨燕礼仪制度，这一制度在周公旦所著的《周礼》中就有详细规定。飨与燕是两种不同的礼节。飨，是以酒食款待人；礼，是天子宴请诸侯，或诸侯之间的互相宴请，大多在太庙举行。待客的酒一桌两壶，羔羊一只。宾主登上堂屋，举杯祝贺。规模宏大，场面严肃。

这种宴请的目的，其实并不在吃肉喝酒，而是天子与诸侯联络感情，体现以礼治国安邦之意。

"燕"通"宴"，燕礼就是宴会，主要是君臣宴礼，在寝宫举行。烹狗而食，酒菜丰盛，尽情吃喝，

《周礼》 儒家经典，西周时期的著名政治家、思想家、文学家、军事家周公旦所著。涉及的内容极为丰富，凡邦国建制、政法文教、礼乐兵刑、赋税度支、膳食衣饰、寝庙车马、农商医卜、工艺制作，各种名物、典章、制度，无所不包。堪称为上古文化史之宝库。

酒之蕴涵

酒道兴起

■ 古籍《礼记》中记载了酿酒技术

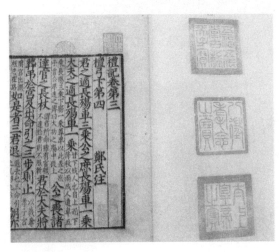

豆 我国先秦时期的食器和礼器。像高脚盘，作为礼器常与鼎、壶配套使用，构成了一套原始礼器的基本组合，成为随葬用的主要器类。用豆之数，常以偶数组合使用。大汶口遗址出土过流行于春秋战国时期的陶豆。开始用于盛放谷物，后用于盛放腌菜、肉酱等调味品。

场面热烈。一般酒过三巡之后，可觥筹交错，尽欢而散。

在地方一级，还有一种叫乡饮酒礼，也是从周代开始流行的。乡饮酒礼是地方政府为宣布政令、选拔贤能、敬老尊长、甄拔长艺等举行的酒会礼仪。一般在各级学校中举行。主持礼仪的长官站在校门口迎接来宾，入室后按长幼尊卑排定座次，开始乡饮酒礼。

在敬酒献食过程中，首先要饮一种"元酒"，是一种从上古流传下来的粗制黄酒，以此来警示人们不能忘记先辈创业的艰辛。之后，才能饮用高档一点的黄酒。

周代乡饮习俗，以乡大夫为主人，处士贤者为宾。饮酒，尤以年长者为优厚。《礼记·乡饮酒义》中说：

■东周时期青铜酒器

乡饮酒之礼：六十者坐，五十者立侍，以听政役，所以明尊长也。六十者三豆，七十者四豆，八十者五豆，九十者六豆，所以明养老也。

引文中的"豆"，指的是一种像高脚盘一样的盛肉类食物的器皿。这段话的意思是说，乡饮酒的礼仪，60岁的坐下，50岁的站立陪侍，来听候差使，这是

■古代用来宴饮的黄酒

用以表明对年长者的尊重。给60岁的设菜肴3豆，70岁的4豆，80岁的5豆，90岁的6豆，这是用以表明对老人家的养护。

乡饮酒礼的意义要在于序长幼、别贵贱，以一种普及性的道德实践活动，成就敬长养老的道德风尚，达到德治教化的目的。周代形成的乡饮酒礼，是尊老敬老的民风在以酒为主体的民俗活动中有生动显现，也是酒道礼仪形成的重要标志，对后世产生了深远影响。

阅读链接

黄酒是我国汉族的民族特产，从汉代到北宋，是我国传统黄酒的成熟期。黄酒属于酿造酒，它与葡萄酒和啤酒并称为世界三大酿造酒，在世界上占有重要的一席。酿酒技术独树一帜，成为东方酿造界的典型代表和楷模。

事实上，黄酒是我国古代唯一的国酒。周代之后，历代皇帝遵循古传遗风，在飨燕之礼的基础上，又增加了许多宴会，如元旦大宴、节日宴、皇帝诞辰宴等。地点改在园林楼阁之中，气氛也轻松活泼了许多。而宴会上使用的酒只有黄酒。

春秋战国时的酒与英雄

　　春秋战国时期，由于铁制工具的使用，生产技术有了很大的改进。当时的农民生产积极性高，"早出暮归，强乎耕稼树艺，多取菽粟"，致使财富大为增加，为酒文化的进一步发展提供了物质基础。

　　春秋时期，越王勾践被吴王夫差战败后，为了实现"十年生聚，

周代盛酒用的瓷盂

十年教训"的复国大略，下令鼓励人民生育，并用酒作为生育的奖品：生丈夫，二壶酒，一犬；生女子，二壶酒，一豚。豚就是猪。

勾践以酒奖励生育，有两方面的作用，一是作为国君的恩施，使百姓感激国君，听从国君；二是作为对产妇的一种保健用品，帮助催奶和恢复产妇的体能，有利于优育。因此，以酒作为产妇的保健用品一直沿用至今。

■越王勾践塑像

公元前473年，勾践出师伐吴雪耻，三军出行之日，越国父老敬献一坛黄酒为越王勾践饯行，祝越王旗开得胜，勾践"跪受之"，并投之于上流，令军士迎流痛饮。士兵们感念越王的恩德，同仇敌忾，无不用命，奋勇杀敌，终于打败了吴国。

秦相吕不韦的《吕氏春秋》也记载了这件事。越王勾践以酒来激发军民斗志的故事，千百年来一直为酒乡人所传颂。

酒是高尚的材料，是美妙而奇特的物质，它有精神产品的作用，能在人们的社会生活中显现出特殊的作用。古人常拿它作激励斗志的物品。同是浙江的另一酒乡嘉善，也有一个与酒有关的故事：

相传在春秋战国时期，吴国大将伍子胥曾驻扎嘉善一带，并自南至北建立了几十里防线，准备与越国

《吕氏春秋》
亦称《吕览》，是秦国丞相吕不韦集合门客们共同编撰的一部杂家名著。注重博采众家学说，以儒、道思想为主，并融合进墨、法、兵、农、纵横、阴阳等各家思想。吕不韦自己认为其中包括了天地万物古往今来的事理，所以号称《吕氏春秋》。

进行一场大战。

嘉善处在吴越之间，是有名的鱼米之乡，而酒是当地的特产。每次出征或前线凯旋，将士们都喜欢豪饮。日久天长，营盘外丢弃的桃汁酒瓶堆积如山，蔚然成景。嘉善县城南门的瓶山是其中最为著名的一处，后被邑人列为"魏塘八景"之一。

此外，在北宋《酒谱》中还记载：战国时，秦穆公讨伐晋国，来到河边，秦穆公打算犒劳将士，以鼓舞将士，但酒醪却仅有一盅。有人说，即使只有一粒米，投入河中酿酒，也可使大家分享。于是秦穆公将这一盅酒醪倒入河中，三军饮后都醉了。

从商周至春秋战国时期，特别是北方的游牧民族，酒器主要以青铜制品为主，酿酒技术已有了明显的改进，酒的质量随之也有了很大的提高。

当时饮酒的方法是：将酿成的酒盛于青铜垒壶之

■青铜斝酒杯

中，再用青铜勺挹取，置入青铜杯中饮用。

河南平山战国中山王的墓穴中，发现有两个装有液体的铜壶，这两个铜壶分别藏于墓穴东西两个库中。外形为一扁一圆。东库藏的扁形壶，西库藏的圆形壶。两个壶都有子母口及咬合很紧的铜盖。该墓地势较高，室内干燥，没有积水痕迹。

■ 中山王墓出土的青铜壶

将这两个壶生锈的密封盖打开时，发现壶中有液体，一种青翠透明，似现在的竹叶青；另一种呈黛绿色。两壶都锈封得很严密，启封时，酒香扑鼻。

中山王墓穴的这两种古酒储存了2000多年，仍然不坏，有力地证明了战国时期，我国的酿酒技术已经发展到了一个很高的水平，令人惊叹不已。

春秋战国时期的文学作品中，对酒的记载很多。如孔子《论语》："有酒食先生馔；曾是以为孝乎。"《诗经·小雅·吉日》："以御宾客且以酌醴。"醴是一种甜酒。

在春秋时代，喝酒开始讲究尊贵等级。《礼记·月令》："孟夏之月'天子饮酎'用礼乐。"酎是重酿之酒，配乐而饮，是说开盛会而饮之酒。

酎是三重酒。三重酒是指在酒醪中再加两次米曲或再加两次已酿好的酒，酎酒的特点之一是比一般的

禁　我国古代承酒尊的器座，可分为长方形与方形，有足与无足。其中，有足的称为"禁"，无足的称为"斯禁"。起于西周初年，灭于战国时代。之所以称"禁"，盖因周人总结夏、商两代灭亡之因，均在嗜酒无度。

源远的酒道

交杯酒 我国婚礼程序中的一个传统礼俗，在古代又称为"合卺"。卺的意思本来是一个瓠分成两个瓢，古语有"合卺而酳"，以一瓠分为二瓢谓之卺，婿之与妇各执一片以酒漱口，合卺又引申为结婚的意思。

酒更为醇厚。湖南长沙马王堆西汉古墓出土的《养生方》中，酿酒方法是在酿成的酒醪中分3次加入好酒，这很可能就是酎的酿法。

在《礼记·玉藻》中记载："凡尊必尚元酒，唯君面尊，唯饷野人皆酒，大夫侧尊用木於，士侧尊用禁。"尚元酒，带怀古之意，系君王专饮之酒。当时的国民分国人和野人，国人指城郭中人；野人是指城外的人。可见当时让城外的人民吃一般的饭菜，喝普通的酒。木於、禁是酒杯的等级。

当时青铜器共分为食器、酒器、水器和乐器四大部，共50类，其中酒器占24类。按用途分为煮酒器、盛酒器、饮酒器、贮酒器。此外还有礼器。形制丰富，变化多样，基本组合主要是爵与觚。

盛酒器具是一种盛酒备饮的容器。其类型很多，主要有尊、壶、区、卮、皿、鉴、斛、觥、瓮、瓿、彝。每一种酒器又有许多式样，有普通型，有取动物造型的。以尊为例，有象尊、犀尊、牛尊、羊尊、虎尊等。

饮酒器的种类主要有觚、觯、角、爵、杯、舟。不同身份的人使用不同的饮酒器，如《礼

■封装好的葡萄酒

记·礼器》篇明文规定："宗庙之祭，尊者举觯，卑者举角。"湖北随州曾侯乙墓出土的铜鉴，可置冰贮酒，故又称为冰鉴。

温酒器，饮酒前用于将酒加热，配以杓，便于取酒。温酒器有的称为樽。

战国时期，人们结婚就已经有喝交杯酒习俗，如战国楚墓中彩绘联体杯，即为结婚时喝交杯酒使用的"合卺杯"。

春秋战国时期，酒令就在黄河流域的宴席上出现了。酒令分俗令和雅令。猜拳是俗令的代表，雅令即文字令，通常是在具有较丰富的文化知识的人士间流行。酒宴中的雅令要比乐曲佐酒更有意趣。文字令又包括字词令、谜语令、筹令等。

阅读链接

春秋战国时期的饮酒风俗和酒礼有所谓"当筵歌诗""即席作歌"。从射礼转化而成的投壶游戏，实际上是一种酒令。当时的酒令，完全是在酒宴中维护礼法的条规。在古代还设有"立之监""佐主史"的令官，即酒令的执法者，他们是限制饮酒而不是劝人多饮的。

随着历史的发展，时间的推移，酒令愈来愈成为席间游戏助兴的活动，以致原有的礼节内容完全丧失，纯粹成为酒酣耳热时比赛劝酒的助兴节目，最后归结为罚酒的手段。

秦汉时期酒文化的成熟

　　秦始皇建立秦王朝后，由于政治上的统一，使得社会生产力迅速发展起来，农业生产水平得到了大幅度提高，为酿酒业的兴旺提供了物质基础。

　　秦始皇为了青春永驻、长生不老，派御史徐福带领童男童女500人，前往东海蓬莱仙岛求取长生不老丹。同时，他还相信以粮食精华制成的酒可以养生获得长寿。

春秋时期的青铜爵

　　陕西西安车张村秦阿房宫遗址发现有云纹高足玉杯，高14.5厘米，青色玉，杯身呈直口筒状，近底部急收，小平底。杯身纹饰分3层，上层饰有柿蒂、流云纹，中层勾连卷云纹，下层饰流云、如意纹。足上刻有丝束样花纹。

秦王朝是个了不起的帝国，却又是个短命的王朝，这件云纹高足玉杯虽无复杂奇特之处，但它发现于秦始皇藏宝储珍规模庞大的宫殿阿房宫遗址中，是秦始皇或其嫔妃们用过的酒杯，其价值非同一般。

到了汉代，酒的酿造技术已经很成熟。汉代以前的酒曲主要是散曲，到了汉代，人们开始较多地使用块曲即饼曲。后来，制曲又由曲饼发展为大曲、小曲。由于南北地区气候、原料的差异，北方用大曲，即麦曲；南方用小曲，即酒药。

唐代徐坚的《初学记》是最初记载红曲的文献，其记载说明汉末我国陇西一带已有红曲。红曲的生产和使用是制曲酿酒的一项大发明，标志着制曲技术的飞跃。

在汉代及其以前的很长一段时间里，有一套完整的酿酒工艺路线。如在山东诸城凉台的汉代画像石中有一幅《庖厨图》，图中的一部分为酿酒情形的描

■ 秦始皇举杯祭拜以求仙药

阿房宫 是我国历史上第一个统一的多民族国家秦帝国修建的新朝宫。秦始皇于公元前212年开始建造，意在建成后，成为秦王朝的政治中心，被誉为"天下第一宫"。阿房宫是我国首次统一的标志性建筑，也是华夏民族开始形成的实物标识。

源
远
的
酒
道

■《庖厨图》画像石

甑 我国古代蒸
食用具，为甑的
上半部分，与鬲
通过镂空的箅相
连，用来放置食
物，利用鬲中的
蒸汽将甑中的食
物蒸熟。单独的
甑很少见，多为
圆形，有耳或无
耳。甑子，蒸米
饭等的用具，略
像木桶，有屉子
而无底。

绘，把当时酿酒的全过程都表现出来了。

在《庖厨图》中，一人跪着正在捣碎曲块，旁边有一口陶缸应为浸泡的曲末，一人正在加柴烧饭，一人正在劈柴，一人在甑旁拨弄着米饭，一人负责把曲汁过滤到米饭中去，并把发酵醪拌匀的操作。有两人负责酒的过滤，还有一人拿着勺子，大概是要把酒液装入酒瓶。下面是发酵用的大酒缸，都安放在酒垆之中。

《庖厨图》中还表现了大概有一人偷喝了酒，被人发现后，正在挨揍。酒的过滤大概是用绢袋，并用手挤干。过滤后的酒放入小口瓶，进一步陈酿。画面逼真，引人遐想。

秦汉时期，随着酿酒业的兴旺，出现了"酒政文化"。朝廷屡次禁酒，提倡戒酒，以减少五谷的消耗，但是饮酒已经深入民间，因此收效甚微。

汉代，民众对酒的认识进一步加深，酒的用途扩大。调和人伦、愉悦神灵和祭祀祖先，是汉代酒文化的基本功能，以乐为本是汉人酒文化的精神内核。

秦汉以后，酒文化中"礼"的色彩愈来愈浓，酒礼严格。从汉代开始，把乡饮酒礼当成一种推行教化举贤荐能的重要活动而传承不辍，直至后世。

当时的贵族和官僚将饮酒称为"嘉会之好"，

每年正月初一皇帝在太极殿大宴群臣，"杂会万人以上"，场面极为壮观。太极殿前有铜铸的龙形铸酒器，可容40斛酒。当时朝廷对饮酒礼仪非常重视，"高祖竟朝置酒，无敢喧哗失礼者"。

汉代乡饮仪式仍然盛行，仪式严格区分长幼尊卑，升降拜答都有规定。按照当时宴饮的礼俗主人居中，客人分列左右。大规模宴饮还分堂上堂下以区分贵贱，汉高祖刘邦元配夫人吕雉的父亲吕公当年宴饮，"进不满千钱者坐之堂下"。由此可以看出当时礼仪制度的严格。

这种聚会有举荐贤士以献王室的意义，所以一般选择吉日举行。每年三月学校在祭祀周公、孔子时也要举行盛大的酒会。

当时的乡饮仪式非常受重视，伏湛为汉光武时的大司徒，曾经奉汉光武帝之命主持乡饮酒礼。

按照汉代的礼俗，当别人进酒时，不让倒满或者一饮而尽，通常认为是对进酒人的不尊重。据说大臣灌夫与田蚡有矛盾，灌夫给他倒酒时被田蚡拒绝了，灌夫因此骂座。

同时，饮酒大量被认为是豪爽的行为，有"虎臣"之称的盖宽饶赴宴迟到，主人责备

大司徒 我国古代官名。《周礼》以大司徒为地官之长。汉元寿年间改丞相为大司徒。东汉时期改称为司徒。北周依据《周礼》而置六官，为地官府之长，以卿任其职。

037

酒之蕴涵

酒道兴起

■汉代酒器

他来晚了，盖宽饶曰："无多酌我，我乃酒狂。"

还有汉光武帝时的马武，为人嗜酒，豁达敢言，据说他经常醉倒在皇帝面前。

唐代诗人刘禹锡有诗云："为君持一斗，往取凉州牧。"说的正是这件事。可见凉州葡萄酒的珍贵。

葡萄酒的酿造过程比黄酒酿造要简化，但是由于葡萄原料的生产有季节性，终究不如谷物原料那么方便，因此，汉代葡萄酒的酿造技术并未大面积推广。

"九酝春酒"是酿酒史上甚至可以说是发酵史上具有重要意义的补料发酵法。这种方法，后世称为"喂饭法"。在发酵工程上归为"补料发酵法"。补料发酵法后来成为我国黄酒酿造的最主要的加料方法。

汉代之酒道，饮酒一般是席地而坐，酒樽放在席地中间，里面放着挹酒的勺，饮酒器具也置于地上，故形体较矮胖。

东汉前后，瓷器酒器出现。与陶器相比，不管是酿造酒具还是盛酒或饮酒器具，瓷器的性能都超越陶器。

阅读链接

汉代酿酒开始采用的喂饭法发酵，是将酿酒原料分成几批，第一批先做成酒母，在培养成熟阶段，陆续分批加入新原料，扩大培养，使发酵继续进行的一种酿酒方法。喂饭法的方法在本质上来说，也具有逐级扩大培养的功能。《齐民要术》中记录的神曲的用量很少，正说明了这一点。

采用喂饭法，从酒曲功能来看，说明酒曲的质量提高了。这可能与当时普遍使用块曲有关。块曲中根霉菌和酵母菌的数量比散曲中的相对要多。由于这两类微生物可在发酵液中繁殖，因此曲的用量没有必要太多，只需逐级扩大培养就行了。

魏晋时期的名士饮酒风

　　秦汉年间提倡戒酒，到魏晋时期，酒才有了合法地位，酒禁大开，允许民间自由酿酒，私人自酿自饮的现象相当普遍，酒业市场十分兴盛。魏晋时出现了酒税，酒税成为国家的财源之一。

　　魏文帝曹丕喜欢喝酒，尤其喜欢喝葡萄酒。他不仅自己喜欢葡萄

■葡萄酒酿造传统工艺塑像

酒，还把自己对葡萄和葡萄酒的喜爱和见解写进诏书，告之于群臣。他在《诏群臣》中写道：

> 中国珍果甚多，且复为说葡萄。当其朱夏涉秋，尚有余暑，醉酒宿醒，掩露而食。甘而不饴，酸而不脆，冷而不寒，味长汁多，除烦解渴。又酿以为酒，甘于曲蘖，善醉而易醒。道之固已流涎咽唾，况亲食之邪！即远方之果，宁有匹者乎？

作为帝王，在给群臣的诏书中，不仅谈吃饭穿衣，更大谈自己对葡萄和葡萄酒的喜爱，并说只要提起"葡萄酒"这个名，就足以让人垂涎了，更不用说亲自喝上一口，此举可谓是空前绝后了。

因为魏文帝的提倡和身体力行，魏国的酿酒业得到了恢复和发展，使得在后来的晋朝及南北朝时期，葡萄酒成为王公大臣、社会名流筵席上常饮的美酒，葡萄酒文化日渐兴起。

西晋文学家、书法家陆机在《饮酒乐》中写道：

> 蒲萄四时芳醇，瑠璃千钟旧宾。
> 夜饮舞迟销烛，朝醒弦促催人。
> 春风秋月恒好，欢醉日月言新。

陆机（261-303），字士衡，他"少有奇才，文章冠世"，与弟陆云俱为我国西晋时期著名文学家，被誉为"太康之英"。陆机还是一位杰出的书法家，他的《平复帖》是存世最早的名人书法真迹。

源远的酒道

■魏文帝曹丕像

■ 葛洪（约281-341），为东晋道教理论家、著名炼丹家、医药学家、藏书家。字稚川，号抱朴子，丹阳郡句容（今属江苏）人。三国方士葛玄之侄孙，世称小仙翁。他曾受封为关内侯，后隐居罗浮山炼丹。主要著作有《抱朴子外篇》《抱朴子内篇》《金匮药方》《肘后备急方》和《西京杂记》等。《肘后备急方》最早记载天花病症候及诊治。

西晋哲学家、医药学家葛洪的《肘后备急方》中，有不少成方都夹以酒。葛洪主张戒酒，反而治病又多用酒，是否有些矛盾？其实不然，他主张用酒要适量，以度为宜。

魏晋之际，大士族中很多人为了回避现实，往往纵酒佯狂。当时会稽为大郡，名士云集，风气所及，酿酒、饮酒之风盛起。人们借助于酒，抒发对人生的感悟、对社会的忧思、对历史的慨叹。酒的作用潜入人们的内心深处，酒的文化内涵随之扩展。

在魏晋时期，出现了有名的"竹林七贤"，即嵇康、阮籍、山涛、向秀、刘伶、王戎和阮咸。这7位名士处在魏晋易代之际，各有各的遭遇，因对现实不满，隐于竹林，其主要目的就是清谈和饮酒。他们每个人几乎都是嗜酒成瘾，纵酒放任。

据说阮籍听说步兵厨营人善于酿酒，并且贮存美酒三百斛，就自荐当步兵校尉。任职后尸位素餐，唯酒是务。晋文帝司马昭欲为其子求婚于阮籍之女，阮籍借醉60天，使司马昭没有机会开口，于是只得作罢。这些事在当时颇具代表性，对后世影响也很大。

阮咸饮酒不用普通的杯子斟酌，而以大盆盛。有一次，一群猪崽儿把头伸入大盆，跟阮咸一起痛饮起来。

酒之蕴涵

酒道兴起

源远的酒道

■竹林七贤

嵇康（223-262或224-263），字叔夜，三国时期著名思想家、音乐家、文学家、玄学家，又通绘画、书法。与阮籍等竹林名士共倡玄学新风，为"竹林七贤"的精神领袖。他曾娶曹操曾孙女为妻，官曹魏中散大夫，世称嵇中散。

"竹林七贤"中最狂饮的当属刘伶，他将饮酒可谓发挥到了一个顶峰。刘伶不仅人矮小，而且容貌极丑陋。但是他性情豪迈，胸襟开阔，不拘小节，平常不滥与人交往，沉默寡言，对人情世事一点儿都不关心，只与阮籍、嵇康很投机，遇上了便有说有笑。

据《晋书·刘伶传》记载，刘伶经常乘着鹿车，手里抱着一壶酒，命仆人提着锄头跟在车子的后面跑，并说道："如果我醉死了，便就地把我埋葬了。"他嗜酒如命、放浪形骸由此可见一斑。

有一次，刘伶喝醉了酒，跟人吵架，对方生气地卷起袖子，挥拳要打他。刘伶镇定地说："你看我这细瘦的身体，哪有地方可以安放老兄的拳头？"对方听了不禁笑了起来，无可奈何地把拳头放下了。

有一次，刘伶酒瘾大发，向妻子讨酒喝，他妻子把酒倒掉，砸碎酒具，哭着劝他："你酒喝得太多

了，不是保养身体的办法，一定要把它戒掉。"

刘伶说："好！我不能自己戒酒，应当祈祷鬼神并发誓方行，你就赶快去准备祈祷用的酒肉吧。"

妻子信以为真，准备了酒肉。而刘伶跪着向鬼神祈祷说："天生刘伶，以酒为名，一次能饮十斗，再以五斗清醒，女人说出的话，切切不可便听。"说罢便大吃大喝起来，一会儿便醉倒了，害得妻子痛心大哭。因此，后人多把酗饮放纵的人比作刘伶。

刘伶还写了一篇著名的《酒德颂》，大意是：自己行无踪，居无室，幕天席地，纵意所如，不管是停下来还是行走，随时都提着酒杯饮酒，只以喝酒为要事，又怎么肯理会酒以外的事。其他人怎么说，自己一点儿都不在意。别人越要评说，自己反而更加要饮酒，喝醉了就睡，醒过来也是恍恍惚惚的。于无声处，就是一个惊雷打下来，也听不见。面对泰山视而不见，不知天气冷热，也不知世间利欲感情。

东晋时的大诗人陶渊明也是极好饮酒之人。他曾说过："平生不止酒，止酒情无喜。暮止不安寝，晨止不能起。"

陶渊明曾做过几次小官，最后一次是做彭泽令。上任后，就叫县吏替他种下糯米等可以酿酒的作物。晚年，因生活贫困，他常靠朋友周济或借贷。可是，当他的好友、始安郡太守颜延之来看他，留下两万钱后，他又将钱全部送到酒家，陆续取酒喝了。

据北魏《洛阳伽蓝记·城西法云寺》中记载，北魏时的河东人有个叫刘白堕的人善于酿酒，在农历六月，正是天气特别热的时候，用瓮装酒，在太阳下暴晒。经过10天的时间，瓮中的酒味道鲜美令人醉，一个月都不醒。京师的权贵们多出自郡登藩，相互馈赠此酒都得逾越千里。因为酒名远扬，所以号"鹤觞"，也叫骑驴酒。

有一次，青州刺史毛鸿宾带着酒到藩地，路上遇到了盗贼。这些盗贼饮了酒之后，就醉得不省人事了，于是全部被擒获。因此，当时的人们就戏说："不怕张弓拔刀，就怕白堕春醪。"从此后，后人便以"白堕"作为酒的代称了。

魏晋时期，开始流行坐床，酒具变得较为瘦长。此外，魏晋南北朝时出现了"曲水流觞"的习俗，把酒道向前推进了一步。

曲水流觞，出自晋朝大都市会稽的兰亭盛会，是我国古代流传的一种高雅活动。兰亭位于浙江绍兴，晋朝贵族高官在兰亭举行盛会。农历三月，人们举行祓禊仪式之后，大家坐在河渠两旁，在上流放置酒杯，酒杯顺流而下，停在谁的面前，谁就取杯饮酒。

东晋永和九年，即353年三月初三上巳日，晋代有名的大书法家、会稽内史王羲之偕军政高官亲朋好友谢安、孙绰等42人，在兰亭修禊后，举行饮酒赋诗的"曲水流觞"活动。

当时，王羲之等人在举行修禊祭祀仪式后，在兰亭清溪两旁席地而坐，将盛了酒的极轻的羽觞放在溪中，由上游浮水徐徐而下，经过弯弯曲曲的溪流，觞在谁的面前打转或停下，谁就得即兴赋诗并饮酒。

在这次游戏中，有11人各成诗两篇，15人各成诗一篇，16人作不出诗，各罚酒3觚。王羲之将大家

被禊 古代祭名，源于古代"除恶之祭"。古代于春秋两季，有至水滨举行祓除不祥的祭礼习俗，或濯于水滨，或秉火求福。春季常在三月上旬的巳日，并有沐浴、采兰、嬉游、饮酒等活动。三国魏以后定为三月初三日，称为祓禊。

■ 刘伶醉酒浮雕

■古老的绍兴黄酒

的诗集起来，用蚕茧纸、鼠须笔挥毫作序，乘兴而书，写下了举世闻名的《兰亭集序》，被后人誉为"天下第一行书"，王羲之也因之被人尊为"书圣"。

晋时，出现了一种新的制曲法，即在酒曲中加入草药。晋代人嵇含的《南方草木状》中，就记载有制曲时加入植物枝叶及汁液的方法，这样制出的酒曲中的微生物长得更好，用这种曲酿出的酒也别有风味。后来，我国有不少名酒酿造用的小曲中，就加有中草药植物，如白酒中的董酒、桂林三花酒、绍兴酒等。

魏晋南北朝时，绍兴黄酒中的女儿红已有名，这时期很多著作为绍兴黄酒流传后世打下了基础。嵇含的《南方草木状》不只记载了黄酒用酒曲的制法，还记载了绍兴人为刚出生的女儿酿制花雕酒，等女儿出嫁再取出饮用的习俗。

阅读链接

在南北朝时，绍兴黄酒的口味也有了重大变化，经过1000多年的演进，绍兴黄酒已由越王勾践时的浊醪，演变为一种甜酒。南朝梁元帝萧绎所著的《金缕子》，书中提到"银瓯一枚，贮山阴甜酒"，其中山阴甜酒中的山阴即今之绍兴。

绍兴酒有悠久的历史，历史文献中绍兴酒的芳名屡有出现。尤其是清人梁章钜在《浪迹三谈》中说，清代时喝到的绍兴酒，就是以这种甜酒为基础演变的。而后世的绍兴酒都略带甜味，由此可知绍兴酒的特有风味在南北朝时就已经形成。

诗酒流芳

唐代是我国历史上酒与文人墨客的大结缘时期。唐代诗词的繁荣，对酒文化有着促进作用，出现了辉煌的"酒章文化"，酒与诗词、酒与音乐、酒与书法、酒与美术、酒与绘画等，相融相兴，沸沸扬扬。

唐代酒文化底蕴深厚，多姿多彩，辉煌璀璨。"酒催诗兴"是酒文化最凝炼、最高度的体现，酒催发了诗人的诗兴，从而内化在其诗作里，酒也就从物质层面上升到精神层面，酒文化在唐诗中酝酿充分，品醇味久。唐代酒文化已经融入人们的日常生活中。

唐代酿酒技术的大发展

　　隋文帝统一全国后，经过短暂的过渡，就是唐代的"贞观之治"及100多年的盛唐时期。唐代吸取隋短期就遭灭亡的教训，采取缓和矛盾的政策，减轻赋税，实行均田制和租庸调制，调动了广大农民的生产积极性。再加上兴修水利，改革生产工具，使全国农业、手工业发展非常迅速。

　　唐代由于疆土扩大，粮食的储积，自然对发展酿酒业提供了前提。再加上唐代文化繁荣，喝酒已不再是王公贵族、文人名士的特权，老百姓也普遍饮酒。

　　唐高祖李渊、唐太宗李世民都十分钟爱葡萄酒，唐太宗还喜欢自己动手酿制葡萄酒，

李世民画像

酿成的葡萄酒不仅色泽很好，味道也很好，并兼有清酒与红酒的风味。

据唐代刘肃《大唐新语》记载，唐高祖李渊有一回请客，桌上有葡萄。别人都拿起来吃，只有侍中陈叔达抓到手里便罢，一颗葡萄也舍不得吃。

李渊不禁询问其缘由，陈叔达顿时泪眼迷离，称老母患口干病，就想吃葡萄，但"求之不得"。李渊被其孝心打动，于是赐帛百匹，让他"以市甘珍"。帛在当时是非常珍贵的。需要用帛换葡萄，而且被称为"甘珍"，足见当时葡萄是多么的珍贵。

当时，在长安城东至曲江一带，都有胡姬侍酒之肆，出售西域特产葡萄酒。胡姬，原指胡人酒店中的卖酒女，后泛指酒店中卖酒的女子。在我国魏晋、南北朝一直到唐代，长安城里有许多当垆卖酒的胡姬，她们各个高鼻美目，身体健美，热情洋溢。李白的《少年行》中就有"笑入胡姬酒肆中"的描述。

唐太宗执政时期，他在640年命交河道行军大总

高昌国 古代汉族在西域建立的佛教国家，位于新疆吐鲁番东南之哈拉和卓地方，是古时西域交通枢纽。地处天山南麓的北道沿线，为东西交通往来的要冲，亦为古代新疆政治、经济、文化的中心地之一。唐贞观年间，唐太宗置高昌县，后设安西都护府统之。

■储藏葡萄酒的酒窖

白兰地 以水果为原料，经发酵、蒸馏制成的酒。通常所称的白兰地专指以葡萄为原料，通过发酵再蒸馏制成的酒。而以其他水果为原料，通过同样的方法制成的酒，常在白兰地酒前面加上水果原料的名称以区别其种类。

管侯君集率兵平定高昌。唐军破了高昌国以后，收集到马乳葡萄的种子在宫苑中种植，并且还得到了酿酒的技术。

唐太宗把酿酒的技术作了修改后，酿出了芳香酷烈的葡萄酒，赐给大臣们品尝。这是史书第一次明确记载内地用西域传来的方法酿造葡萄酒的档案。

唐时，我国除了自然发酵的葡萄酒，还有葡萄蒸馏酒，也就是白色白兰地，即出现了烧酒。烧酒是为了提高酒度，增加酒精含量，在长期酿酒实践的基础上，利用酒精与水的沸点不同，蒸馏取酒的方法。蒸馏酒的出现，是酿酒史上一个划时代的进步。

唐太宗在破高昌国时，得到过西域进贡的蒸馏酒，故有"唐破高昌始得其法""用器承取滴露"的记载，说明唐代已出现了烧酒。

唐代，国境的西北和西南两大地区几乎同时出现白酒蒸馏技术。因此，在唐代文献中，出现了烧酒、蒸酒之名。

唐代武德年间，有了"剑南道烧春"之名，据当时的中书舍人李肇在《唐国史补》中记载，闻名全国的有13种美酒，其中就有"荥阳之土窖春"和"剑南之烧春"。

"春"是原指酒后发热的感受，在唐代普遍称酒为"春"。早在《诗经·豳风·七月》中就有"十月获稻，为此春酒，以介眉寿"的诗句，故人们常以"春"作为酒的雅称，因此"剑南之烧春"指的就是绵竹出产的美酒。

779年，"剑南烧春"被定为皇室专享的贡酒，记于《德宗本纪》，从而深为文人骚客所称道。

相传，大诗人李白为喝此美酒，曾在绵竹把皮袄卖掉买酒痛饮，留下"士解金貂""解貂赎酒"的佳话。至今，绵竹一带还流传着李白解貂赎酒的故事。

鹅黄酒，传承于唐宋时期。酒体呈鹅黄色，醇和甘爽，绵软悠长，饮后不口干，不上头，清醒快。唐代大诗人白居易有"炉烟凝麝气，酒色注鹅黄""荔枝新熟鸡冠色，烧酒初开琥珀香"之绝美的诗句。

唐代成都人雍陶有诗云："自到成都烧酒热，不思身更入长安。"可见当时的西南地区已经生产烧酒，雍陶喝到了成都的烧酒后，连长安都不想去了。

从蒸馏工艺上来看，唐开

■古代酿酒发酵工艺

■古代的白酒

陈藏器（约687－757），唐代中药学家。自幼聪慧过人，8岁起随父辈涉外采药，当时就能辨识百草，并且对许多相似药草过目不忘。一生致力钻研本草，调配了大量行之有效的茶疗秘方。纵观我国茶疗文化历史长河，陈藏器犹如一颗明星，照亮后世，造福万年。

元年间，陈藏器《本草拾遗》中有"甄气水""以气乘取"的记载。

此外，在隋唐时期的遗物中，还出现了只有15毫升至20毫升的小酒杯，如果没有烧酒，肯定不会制作这么小的酒杯。这些都充分说明，唐代不仅出现了蒸馏酒，而且还比较普及。

唐代是一个饮酒浪漫豪放的时代，也是一个酒业发展的繁荣时代。唐代生产的成品酒大致可以分为米酒、果酒和配制酒三大类型。其中谷物发酵酒的产量最多，饮用范围也最广。

唐代的米酒按当时的酿造模式，可分为浊酒和清酒。浊酒的酿造时间短，成熟期快，酒度偏低，甜度偏高，酒液比较浑浊，整体酿造工艺较为简单；清酒的酿造时间较长，酒度较高，甜度稍低，酒液相对清澈，整体酿造工艺比较复杂。

浊酒与清酒的差异自魏晋以来就泾渭分明，人们划分谷物酒类均以此为标准。在《三国志·魏书·徐邈传》中有这样的记载："平日醉客，谓酒清者为圣人，浊者为贤人。"

唐代时，"白酒"指的是浊酒。清酒的酒质一般高于浊酒。唐代的酿酒技术虽然比魏晋时有了很大提高，但是对浊酒与清酒的区分未变。

唐时，米酒的生产以浊酒为主，产量多于清酒。浊酒的工艺较为简单，一般乡镇里人都能掌握。唐代诗人李绅的《闻里谣效古歌》曰："乡里儿，醉还饱，浊醪初熟劝翁媪。"罗邺《冬日旅怀》中有"闲思江市白醪满"之诗句。浊醪、白醪，均指浊酒。

浊酒的汁液浑浊，过滤不净，米渣又漂在酒水上面犹如浮蚁，因而唐人多以"白蚁""春蚁"等来形容浊酒。如白居易《花酒》："香醅浅酌浮如蚁。"翁绶《咏酒》："无非绿蚁满杯浮。"陆龟蒙《和袭美友人许惠酒以诗征之》："冻醪初漉嫩如春，轻蚁漂漂杂蕊尘。"这些诗句都描写了浊酒的状态。

唐末出现的一种瓷质酒器，喇叭口，短嘴，嘴外削成六角形；腹部硕大，把手宽扁。晚唐执壶颈部加高，嘴延长，孔加大，椭圆形腹上有4条内凹和直线，美观而实用。

同时，唐代由于内地引进了桌子，也就出现了一些适于在桌上使用的酒具，如注子，唐人称为"偏提"，形状似后世的酒壶，有喙、柄，既能盛酒，又可注酒于酒杯中，因而取代了以前的樽、勺酒具。

阅读链接

唐代是我国酒文化的高度发达时期，酿酒技术比前代更加先进，酿造业"官私兼营"，酒政松弛，官府设置"良酿署"，是国家的酒类生产部门，既有生产酒的酒匠，也有专门的管理人员。唐代的许多皇帝也亲自参与酿造，唐太宗曾引进西域葡萄酒酿造工艺，在宫中酿造，"造酒成绿色，芳香浓烈，味兼醍醐"。

这些都反映了唐代酿酒技术的高度发达，以及与之相伴的唐代酒风的唯美主义倾向和乐观昂奋的时代精神。唐代酒文化是留给后世的宝贵财富。

唐代繁荣的诗酒文化

　　唐代是一个酒文化充分发达的朝代，"酒催诗兴"是唐朝文化最凝练、最高度的体现。除了典型的"诗仙"李白外，其他诗人作品中也体现出唐代的诗酒文化。

■ 刺绣《饮中八仙》

与李白齐名的大诗人杜甫，他的酒诗中最著名的是《饮中八仙歌》诗，写出了长安城善于饮酒的贺知章、李琎、李适之、崔宗之、苏晋、李白、张旭、焦遂，从王公宰相一直说到布衣平民：

■盛唐酒八仙图

知章骑马似乘船，
眼花落井水底眠。
汝阳三斗始朝天，
道逢麹车口流涎，
恨不移封向酒泉。左相日兴费万钱，
饮如长鲸吸百川，衔杯乐圣称世贤。
宗之潇洒美少年，举觞白眼望青天，
皎如玉树临风前。苏晋长斋绣佛前，
醉中往往爱逃禅。李白斗酒诗百篇，
长安市上酒家眠。天子呼来不上船，
自称臣是酒中仙。张旭三杯草圣传，
脱帽露顶王公前，挥毫落纸如云烟。
焦遂五斗方卓然，高谈雄辩惊四筵。

杜甫写8个人醉态各有特点，纯用漫画素描的手法，写他们的平生醉趣，充分表现了他们嗜酒如命、放荡不羁的性格，生动地再现了盛唐时代文人士大夫乐观、放达的精神风貌。

盛唐时，人们不仅喜欢喝酒，而且喜欢喝葡萄

贺知章（约659－744），字季真，少时就以诗文知名。为人旷达不羁，有"清谈风流"之誉，晚年尤纵，自号"四明狂客"。属于盛唐前期诗人，诗文以绝句见长，除祭神乐章、应制诗外，其写景、抒怀之作风格独特。又是著名书法家。

■ 古人品酒图

源远的酒道

酒。因为唐时人们主要喝低度的米酒，但当时普遍饮用的低度粮食酒，无论从色、香、味等方面，都无法与葡萄酒媲美，这就给葡萄酒的发展提供了空间。

盛唐社会稳定，人民富庶，因此帝王、大臣又都喜饮葡萄酒，民间酿造和饮用葡萄酒也十分普遍。这些在当时的诗歌里均有所反映。

如唐代诗人李颀在《古从军行》中写道：

白日登山望烽火，黄昏饮马傍交河。

行人刁斗风沙暗，公主琵琶幽怨多。

野云万里无城郭，雨雪纷纷连大漠。

胡雁哀鸣夜夜飞，胡儿眼泪双双落。

闻道玉门犹被遮，应将性命逐轻车。

年年战骨埋荒外，空见蒲桃入汉家。

李颀（？－约753年），开元年间进士，曾官新乡县尉；天宝初，流连于长安、洛阳，后辞归故乡隐居。《全唐诗》收录其诗3卷，120余首，《全唐诗续拾》补其诗2首，断句2则。其边塞诗风格豪放，七言歌行尤具特色。

李颀这首《古从军行》抒写了边塞军旅生活和从军征戍者的复杂感情，借用汉武帝引进葡萄的典故，反映出君主与百姓、军事扩张与经济贸易、文化交流的情况。全诗风格苍劲悲壮。诗的结尾借用葡萄引进的典故，揭示战争后果，虽不加评判但爱憎分明，为这首诗的艺术特色之一。

自称"五斗先生"的王绩不仅喜欢喝酒，还精于品酒，写过《酒经》《酒谱》。他在《题酒店壁》中写道：

竹叶连糟翠，蒲萄带曲红。

相逢不令尽，别后为谁空。

这是一首十分得体的劝酒诗。朋友聚宴，杯中的美酒是竹叶青和葡萄酒。王绩劝酒道：今天朋友相聚，要喝尽樽中美酒，一醉方休！他日分别后，就是再喝同样的酒，也没有兴致了。

唐代的凉州葡萄酒声名远扬，香飘海内外。当时凉州城里遍布酒楼饭舍，处处洋溢美酒之香。

凉州葡萄酒成为皇宫贵戚和士大夫阶层，以及城乡老百姓不可缺少的消费品。关于凉州美酒的名诗、名词、名篇便由此而生。其中，最著名的莫过于王翰的《凉州词》：

■ 竹简书《酒经》

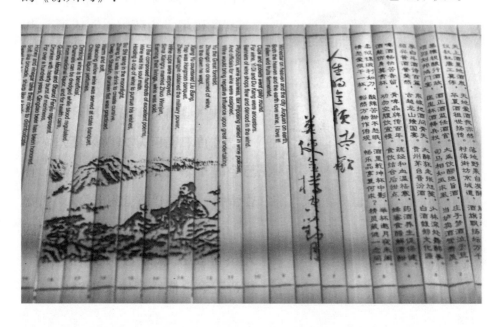

■ 王维塑像

葡萄美酒夜光杯，欲饮琵琶马上催。

醉卧沙场君莫笑，古来征战几人回？

边塞荒凉艰苦的环境，紧张动荡的军旅生活，使得将士们很难得到欢聚的酒宴。这是一次难得的聚宴，酒，是葡萄美酒；杯，则是"夜光杯"。鲜艳如血的葡萄酒，满注于白玉夜光杯中，色泽艳丽，形象华贵。

如此美酒，如此盛宴，将士们莫不兴致高扬，正准备痛饮一番，没想到琵琶奏乐，催人出征。此时此地，琵琶作声，不为助兴，而为催行，谁能不感心头沉重？

这时，座中有人高喊："男儿从军，以身许国，生死早已置之度外。有酒且当开怀痛饮！醉就醉吧，就是醉卧沙场也没有什么丢脸的，自古以来有几人能从浴血奋战的疆场上生还呢？"于是，出征的将士们豪兴逸发，举杯痛饮。明知前途险厄，却仍然无所畏惧，勇往直前，表现出高昂的爱国热情。

在众多的盛唐边塞诗中，这首《凉州词》最能表达当时那种涵盖一切、睥睨一切的气势，以及充满着必胜信念的盛唐精神气度。此诗也作为千古绝唱，永久地载入我国乃至世界酒文化史。

此外，大诗人白居易《六年冬暮赠崔常侍晦叔（时为河南尹）》中"香开绿蚁酒，暖拥褐绫裘。"还有于816年作于江州的五绝《问刘十九》："绿蚁新醅酒，红泥小火炉。晚来天欲雪，能饮一杯无？"都描述了冬夜饮酒之妙味。

白居易《戏招诸客》中还有"黄醅绿醑迎冬熟，绛帐红炉逐夜开。"其中"黄醅绿醑"都是酒，诸如此类以酒待客的诗，在白居易作品中还是比较常见的。

■白居易画像

在唐代，酒令也发展得更加丰富多彩，白居易便有"筹插红螺碗，觥飞白玉卮"之咏。

杜牧的七绝《江南春》，一开头就是"千里莺啼绿映红，水村山郭酒旗风"。千里江南，黄莺在欢乐地歌唱，丛丛绿树映着簇簇红花，傍水的村庄、依山的城郭、迎风招展的酒旗，尽在眼底。

王维的《送元二使安西》："渭城朝雨浥轻尘，客舍清清柳色新。劝君更尽一杯酒，西出阳关无故人。"写出了借酒送别的场景。

罗隐的《自遣》："得即高歌失即休，多愁多恨亦悠悠。今朝有酒今朝醉，明日愁来明日愁。"写出了人生患得患失不如一醉解千愁的心理。

此外，李商隐的《龙池》"龙池赐酒敞云屏，羯

借酒感怀

诗酒流芳

杜甫（712-770），字子美，自号少陵野老，唐代伟大的现实主义诗人，杜甫在我国古典诗歌中的影响非常深远，被后人称为"诗圣"，他的诗被称为"诗史"。著名作品有"三吏""三别"。

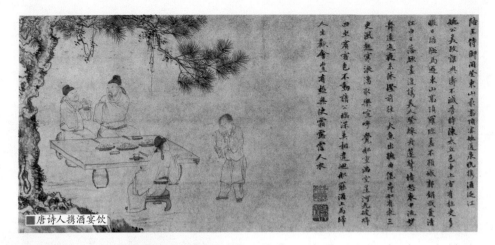

■唐诗人携酒宴饮

鼓声高众乐停。"高适的《夜别韦司士》"高馆张灯酒复清，夜钟残月雁归声。"司空曙的《留卢秦卿》"知有前期在，难分此夜中。无将故人酒，不及石尤风。"寒山的"满卷才子诗，溢壶圣人酒……此时吸两瓯，吟诗五百首。"张说的"醉后乐无极，弥胜未醉时。动容皆是舞，出语总成诗。"诸如此类等等，都在诗文中体现出酒，让后人感受到了唐朝诗酒文化的博大精深。

诗酒的兴盛是唐代酒文化繁荣的表现形式，品酒与品诗词的意境相似，需要一颗平静如水的心，把酒谈诗，穿梭于悠悠历史的长河之中，是何等的惬意与舒畅！

阅读链接

唐代是我国酒文化的高度发达时期，"酒催诗兴"是唐朝文化的重要体现。在流传下来的杜甫的1400多首诗文中，谈到饮酒的共有300首；李白的一千多首诗文中，谈到饮酒的共有170首。后世所存的5万多首唐诗中，直接咏及酒的诗就逾6000首，其他还有更多的诗歌，间接与酒有关。

可以说，唐诗中有一半以上，是酒催生出来的。酒催发了诗人的诗兴，从而内化在其诗作里，酒也就从物质层面上升到精神层面，酒文化在唐诗中酝酿充分，品醇味久。

文化纷呈

宋代酿酒业得到进一步发展，从城市到村寨，酒作坊星罗棋布，其分布之广，数量之众，都是空前的。宋代酒文化比唐代酒文化更丰富，更接近后世的酒文化。

元代的酒品更加丰富，有马奶酒、果料酒和粮食酒几大类，而葡萄酒是果实酒中最重要的一种。在元代，葡萄酒常被元代执政者用于宴请、赏赐王公大臣，还用于赏赐外国和外族使节。同时，由于葡萄种植业和葡萄酒酿造业的大发展，饮用葡萄酒不再是王公贵族的专利，平民百姓也饮用葡萄酒。

异彩纷呈的宋代造酒术

　　宋代社会发展，经济繁荣，酿酒工业在唐代的基础上得到了进一步的发展。上至宫廷，下至村寨，酿酒作坊，星罗棋布。

　　宋代的宫廷酒也叫内中酒，实际上宫廷酒是从各地名酒之乡，调集酒匠精心酿制而成的，有蒲中酒、苏合香酒、鹿头酒、蔷薇露酒和

■宋代酿酒工艺图

流香酒、长春法酒等。

■ 古老的酒坊

　　蒲中指山西境内的蒲州，蒲州酒在北周时候就名扬天下，到隋唐时期经久不衰。宋时宫廷蒲中酒，就是用以前成熟的方法酿造的。

　　苏合香酒是北宋宫廷内的御用药酒，甚为珍贵。每一斗酒以苏合香丸一两同煮，能调五脏，祛腹中诸病。苏合香丸早在唐代孙思邈《千金要方》中就有记载。

　　鹿头酒一般在宴会快要结束时才启封呈上。

　　蔷薇露酒和流香酒是南宋皇帝的御用酒。每当皇帝庆寿时，宫中供御酒名蔷薇露酒；赐大臣酒谓之流香酒。

　　长春法酒是1260年丞相贾秋壑献给宋理宗皇上的酿法。共用30多味名贵中药，是采用冷浸法配制而成的药酒。具有"除湿实脾，行滞气，滋血脉，壮筋骨，宽中快膈，进饮食"之功效。

孙思邈（581-682），唐代著名的医师与道士，是我国乃至世界史上伟大的医学家和药物学家，被后人誉为"药王"，也是人们敬仰的"医神"。他重视民间的医疗经验，不断积累走访，及时记录下来，终于完了他的不朽著作《千金要方》。

■ 酿酒用的麦曲

宋代张能臣曾著《酒名记》，是我国宋代关于蒸馏酒的一本名著，列举了北宋名酒100多种，是研究古代蒸馏酒的重要史料。其中皇亲国戚家酿酒更为酒中珍品。

《酒名记》中的酒名，甚为雅致，具有博大精深的文化气息。如后妃家的酒名有香泉酒、天醇酒、琼酥酒、瑶池酒、瀛玉酒等；亲王家及驸马家的酒名有琼腴酒、兰芷酒、玉沥酒、金波酒、清醇酒等。

宋代在京城实行官卖酒曲的政策，民间只要向官府买曲，就可以自行酿酒。所以京城里酒店林立，酒店按规模可分为数等，酒楼的等级最高，宾客可在其中饮酒品乐。

当时京城有名的酒店称为正店，有72处，其他酒店不可胜数。由于竞争激烈，酒的质量往往是立足之本。如《酒名记》中罗列的市店和名酒：丰乐楼"眉

临安 即杭州，南宋的都城，1129年升杭州为"临安府"，称"临安"。其含义主要有3种说法：一是南宋偏安江南，有"临时安置"之意；二是南宋朝廷感念吴越国王钱镠对杭州的历史功绩，以其故里"临安"为府名；三是寓有"君临即安"之意。

寿酒"、忻乐楼"仙醪酒"、和乐楼"琼浆酒"、遇仙楼"玉液酒"、会仙楼"玉醑酒"等。

宋代除了京城外，其他城市实行官府统一酿酒、统一发卖的榷酒政策。酒按质量等级论价，酒的质量又有衡定标准。每一个地方，都有代表性名酒。

宋代是齐鲁酿酒业的高潮时期，酒的品种和产量都达到当时全国一流水准，而且名酒辈出，各州皆是。张能臣《酒名记》列举的北宋名酒中齐鲁酒就占了27种。如青州和兖州的莲花清酒、潍州的重酿酒、登州的朝霞酒、德州的碧琳酒等。另外，宋代齐鲁还酿制了许多药酒，如雄黄酒、菊花酒、空青酒等。

北宋和南宋官府，都曾组织过声势浩大、热闹非凡的评酒促销活动。南宋时京都临安有官酒库，每年清明前开煮，中秋前新酒开卖，观者如潮。

宋代的黄酒酿造，不但有丰富的实践，而且有系统的理论。在我国古代酿酒著作中，最系统最完整、最有实践指导意义的酿酒著作，是北宋末期朱肱等著的《北山酒经》。"北山"即杭州西湖旁的北山，说明此书的材料取自于当时浙江杭州一带。

由于当时朝廷对酿酒极为重视，浙江一带又是我国黄酒酿造的主要产地，酿酒

065

美酒天下

文化纷呈

■宋代进酒图

源远的酒道

■古代酿酒工艺出酒

元好问 （1190－1257），字裕之，号遗山，唐代诗人元结的后裔。他是我国金末元初最有成就的作家和历史学家，是文坛的盟主，宋金对峙时期北方文学的主要代表，又是金元之际在文学上承前启后的桥梁，被尊为"北方文雄""一代文宗"。

作坊比比皆是。兴旺发达的酿酒业，使《北山酒经》成为当时实践的总结和理论的概括。

《北山酒经》全书分上、中、下3卷。上卷为总论，论酒的发展历史；中卷论制曲；下卷记造酒，是我国古代较早全面、完整地论述有关酒的著述。

如羊羔酒，也称白羊酒。《北山酒经》详细记载了其酿法。由于配料中加入了羊肉，味极甘滑。

宋代的葡萄酒，是对唐代葡萄酒的继承和发展。在《北山酒经》中，也记载了用葡萄和米混合加曲酿酒的方法。

与南宋同期的金国文学家元好问在《蒲桃酒赋》的序中有这样的故事：山西安邑多葡萄，但大家都不知道酿造葡萄酒的方法。有人把葡萄和米混合加曲酿造，虽能酿成酒，但没有古人说的葡萄酒"甘而不饴，冷而不寒"风味。有一户人家躲避强盗后从山里回家，发现竹器里放的葡萄浆果都已干枯，盛葡萄的竹器正好放在一个腹大口小的陶罐上，葡萄汁流进陶罐里。闻闻陶罐里酒香扑鼻，拿来饮用，竟然是葡萄美酒。

这个真实的故事，说明葡萄酒的酿造是这样简单，即使不会酿酒的人，也能在无意中酿造出葡萄酒。经过晚唐及五代时期的战乱，到了宋朝，真正的葡萄酒酿造方法，差不多已失传。所以元好问发现葡萄酒自然发酵法，感到非常惊喜。

宋代的其他名酒还有浙江金华酒，又名东阳酒，北宋田锡《曲本草》对此酒倍加赞赏；瑞露酒产于广西桂林。南宋诗人范成大曾经写道："及来桂林，而饮瑞露，乃尽酒之妙，声振湖广。"

宋代红曲问世，红曲酒随之发展起来，其酒色鲜红可爱，博得人们青睐，是宋代制曲酿酒的一个重大发明，有消食活血，健脾养胃，治赤白痢，利尿的功效。

宋代水果品种更加丰富，各种水果也广泛应用于酿酒之中。如当时荔枝是一种高档水果，用荔枝酿成的酒，更是果酒中的佼佼者。

苏轼在《洞庭春色赋》序言中写道："安定君王以黄柑酿酒，名之曰洞庭春色。"范成大在《吴郡志》中说："真柑，出洞庭东西

■ 宋代酿酒工艺图

山，柑虽橘类，而其品特高，芳香超胜，为天下第一。"因此，黄柑酒有了较高的知名度。

在宋代各类文献记载中，"烧酒"一词出现得更为频繁。大宋提刑官宋慈在《洗冤录》卷四记载："虺蝮伤人……令人口含米醋或烧酒，吮伤以吸拔其毒。"这里所指的烧酒，应是蒸馏烧酒。

要想得到白酒，必须有蒸馏器，这是获得白酒的重要器具之一。蒸馏方法就是原料经过发酵后，再用蒸馏技术取得酒液。

我国的蒸馏器具有鲜明的民族特征。其釜体部分，用于加热，产生蒸汽；甑体部分，用于醅的装载。在早期的蒸馏器中，可能釜体和甑体是连在一起的，这较适合于液态蒸馏。

蒸馏器的冷凝部分，在古代称为天锅，用来盛冷水，汽则经盛水锅的另一侧被冷凝；液收集部分，位于天锅的底部，根据天锅的形状不同，液的收集位置也有所不同。如果天锅是凹形，则液汇集在天锅正中部位之下方；如果天锅是凸形，则液汇集在甑体环形边缘的内侧。

宋代蒸馏酒的兴起，我国酿酒历史完成了自然发酵、人工酿造、蒸馏取液3个发展阶段，为后世的酿酒业的兴旺奠定了基础。

阅读链接

宋代有许多关于酒的专著，北宋朱肱的《北山酒经》，是古代学术水平最高的黄酒酿造专著，最早记载了加热杀菌技术；宋代张能臣的《酒名记》，是古代记载酒名最多的书；宋代窦苹的《酒谱》，是古代最著名的酒百科全书。

特别值得提出的是，后世一些名酒，如西凤酒、五粮液、汾酒、绍兴酒、董酒等，大多可在宋代酒诗中找到，或以原料称之，或以色泽呼之，或以产地名之，或以制法言之。这些酒诗，在中华酒文化发展史上，有重要的研究价值。

元代葡萄酒文化的鼎盛

　　元代勃兴于朔北草原，由于这里地势高寒，蒙古族饮酒之风甚盛，酒业大有发展，酒品种类增加。元代的酒品种，比起前代来要丰富得多。就其使用的原料来划分，就有马奶酒、果料酒和粮食酒几大类，而葡萄酒是果实酒中最重要的一种。

■元代蒙古族人宴饮时喝马奶酒

丘处机（1148-1227），字通密，道号长春子，山东栖霞人。宋元之际著名全真道掌教真人，思想家、道教领袖、政治家、文学家、养生学家和医药学家，为南宋、金朝、蒙古帝国统治者以及广大人民群众所共同敬重，并因远赴西域劝说成吉思汗"一言止杀"而闻名世界。

元执政者十分喜爱马奶酒和葡萄酒。据《元史·卷七十四》记载，元世祖忽必烈至元年间，祭宗庙时，所用的牲齐庶品中，酒采用"潼乳、葡萄酒，以国礼割奠，皆列室用之。""潼乳"即马奶酒，这无疑提高了马奶酒和葡萄酒的地位。

在当时元大都宫城制高点的万岁山广寒殿内，还放着一口可"贮酒三十余石"的黑玉酒缸，名为"渎山大玉海"。它用整块杂色墨玉琢成，周长5米，四周雕有出没于波涛之中的海龙、海兽，形象生动，气势磅礴，重达3500千克，可贮酒30石。

据传，这口大玉瓮是元始祖忽必烈在1256年从外地运来，置于琼华岛上，用来盛酒，宴赏功臣。元世祖还曾于1291年在宫城中建葡萄酒室，储藏葡萄酒，专供皇帝、诸王、百官饮用。

元代皇帝赏赐臣属，常用葡萄酒。左丞相史天泽

■葡萄酒储酒坛

率大军攻宋，途中生病，忽必烈"遣侍臣赐以葡萄酒"。

当时，佳客贵宾宴饮饯行，也常用葡萄酒款待，仅元代道人李志常的《长春真人西游记》中提到用葡萄酒款待长春真人丘处机的记载，就有8次之多。

元代皇室饮用的葡萄酒由新疆供给。新疆是盛产葡萄酒之地，除河中府外，还有忽炭、可失合儿国、邪米思干大城、大石林牙、鳌思马大城、

制作马奶酒的工具

和州、昌八剌城和哈剌火州等地皆酿造葡萄酒。据《元史·顺帝纪》记载：

西番盗起，凡二百余所，陷哈剌火州，劫供御蒲萄酒。

在元政府重视，各级官员身体力行，农业技术指导具备，官方示范种植的情况下，元代的葡萄栽培与葡萄酒酿造有了很大的发展。葡萄种植面积之大，地域之广，酿酒数量之巨，都是前所未有的。当时，除了河西与陇右地区大面积种植葡萄外，北方的山西、河南等地也是葡萄和葡萄酒的重要产地。

为了保证官用葡萄酒的供应和质量，元政府还在太原与南京等地开辟官方葡萄园，并就地酿造葡萄酒。其质量检验的方法也很奇特，每年的农历八月，将各地官酿的葡萄酒取样，运到太行山辨其真伪。真的葡萄酒倒入水即流，假的葡萄酒遇水即被冰冻。

元代，葡萄酒还在民间公开出售。据《元典章》记载，大都地区

源远的酒道

■ 葡萄酒酿造工艺

郑允端（1327
-1356），字正
淑，出生儒学世
家，郑氏曾富雄
一郡，人们称之
为"花桥郑家"。
郑允端颖敏工诗
词，嫁同郡施伯
仁，夫妻相敬如
宾，暇则吟诗自
遣，后人称之为
"女中之贤智者"。
其文学批评和文
学创作实践业绩
皆十分可观。

"自戊午年至至元五年，每葡萄酒一十斤数勾抽分一斤"；"乃至六年、七年，定立课额，葡萄酒浆只是三十分取一。"大都地区出产葡萄，民间销售的葡萄酒很有可能是本地产的。

元代，葡萄酒深入千家万户之中，成为人们设宴聚会、迎宾馈礼以及日常品饮中不可缺置的饮料。

据记载，元代有一个以骑驴卖纱为生计的人，名叫何失，他在《招畅纯甫饮》中有"我瓮酒初熟，葡萄涨玻璨"的诗句。何失尽管家里贫穷，靠卖纱度日，但是他还是有自酿的葡萄酒招待老朋友。

终生未仕、云游四方的天台人丁复在《题百马图为南郭诚之作》中有"葡萄逐月入中华，苜蓿如云覆平地"的诗句。

元人刘诜多次被推荐都未能入仕，一辈子为穷教师，在他的《葡萄》诗中有"露寒压成酒，无梦到凉州"的诗句，说明他也自酿葡萄酒，感受凉州美酒的绝妙滋味。

年仅30而卒的女诗人郑允端，则在《葡萄》诗中写道："满筐圆实骊珠滑，入口甘香冰玉寒。若使文园知此味，露华不应乞金盘。"文园，指的是汉文帝的陵园孝文园。

元政府对葡萄酒的税收扶持，以及葡萄酒不在酒禁之列的政策，使葡萄酒得以普及。同时，朝廷允许民间酿葡萄酒，而且家酿葡萄酒不必纳税。当时，在政府禁止民间私酿粮食酒的情况下，民间自种葡萄、自酿葡萄酒十分普遍。

据《元典章》记载，元大都葡萄酒系官卖，曾设"大都酒使司"，向大都酒户征收葡萄酒税。大都坊间的酿酒户，有起家巨万、酿葡萄酒多达百瓮者。可见当时葡萄酒酿造已达到相当的规模。

■ 葡萄酒蒸馏工艺

元代酿造葡萄酒的办法与前代不同。以前中原地区酿造葡萄酒，用的是粮食和葡萄混酿的办法，元代则是把葡萄捣碎入瓮，利用葡萄皮上带着的天然酵母菌，自然发酵成葡萄酒。这种方法后来在中原等地普遍采用。

元代酿酒的文献资料较多，大多分布于医书、烹饪饮食书籍、日用百科全书、笔记中，主要著作有成书于1330年忽思慧的《饮膳正要》，成书于元代中期的《居家必用事类全集》，元末韩奕的《易牙遗意》和吴继刻印的《墨娥小录》等。

《饮膳正要·饮酒避忌》由大医家、营养学家忽思慧撰。他在书中说："少饮尤佳，多饮伤神损寿。"书中还记述了制作药酒的方法。如：虎骨酒，"以酥灸虎骨捣碎酿酒，治骨节疼痛风痓冷痹痛"；枸杞酒，"以甘州枸杞依法酿酒，补虚弱，长肌肉，益精气，去冷风，壮阳道"等。烧酒创于元代，根据就在这里。

总之，元代葡萄种植业发展和饮用葡萄酒普及，酝酿出浓郁的葡萄酒文化，而葡萄酒文化又浸润着整个社会生活，对后世影响深远。

阅读链接

从元代开始，烧酒在北方得到普及，北方的黄酒生产逐渐萎缩。南方人饮烧酒者不如北方普遍，在南方黄酒生产得以保留。明代医学家、药物学家李时珍在《本草纲目》中记载："烧酒非古法也，自元始创之。"

元代酒窖的确认，是李渡烧酒作坊遗址考古的重大突破。江西李渡酒业有限公司在改造老厂房时，发现地下的元代酿酒遗迹，为我国蒸馏酒酿造工艺起源和发展研究提供了实物资料。专家认为，它完全能说明元代烧酒生产的工艺流程。

酒的风俗

明清两代可以说是我国历代行酒道的又一个高峰，饮酒特别讲究"陈"字，以陈作酒之姓，"酒以陈者为上，愈陈愈妙"。此外，酒道推向了一个修身养性的境界，酒令五花八门，所有世上的事物、人物、花草鱼虫、诗词歌赋、戏曲小说、时令风俗无不入令，且雅令很多，把我国的酒文化从高雅的殿堂推向了通俗的民间，从名人雅士的所为普及为里巷市井的爱好。把普通的饮酒提升到讲酒品、崇饮器、行酒令、懂饮道的高尚境地。

丰富多彩的明代酿酒

　　明王朝建立后，对发展农业生产十分重视，采取了与民休息的政策，调动了农民的生产积极性，明初至中期，农业、手工业发展迅速，经济发展促进了商业繁荣。与此同时，科学文化也有较大发展。

■仿明代酒馆

这些条件，都为酒的酿造业提供了雄厚的物质基础。

■明代酒坊场景

明代，饮酒之风日盛。生来嗜酒的朱元璋得天下后不久，一改之前行军时对酒的禁令，并下令在南京城内外建酒楼十余座。

同时，因江南首富沈万三的慷慨解囊，大举修筑京都城墙，并从全国征集工匠逾10万之众，设十八坊于城内，这十八坊中包括白酒坊及其后的糟坊。后犹嫌不足，又增设糟坊，南京后世仍有糟坊巷的存留。

白酒坊由沈万三亲自操持，为半官方性质的大型工坊。这是一座专用于酿造蒸馏酒的工坊，也就是制造与后世相近的白酒。白酒坊的设立，和之前已有的宫廷酿造不同，它以皇帝指派工程而彪炳于史。

这一时期，南京的官营酒楼、酒肆比比皆是。起初，官营酒楼的主营对象被规定是四方往来商贾，一般百姓难以问津。到明代中后期，饮酒之风开始盛行

沈万三（1330-1376），又名沈万山、沈秀，本名富，字仲荣，世称万三，为明初苏州富商，富可敌国。民间传说沈万三致富的原因是因为"聚宝盆"，说沈氏获得了一只聚宝盆，不管将什么东西放在盆内，都能变成珍宝。

于各阶层之中。

富贵之家自不必说，普通人家以酒待客也成惯俗，甚至无客也常饮，故有"贫人负担之徒，妻多好饰，夜必饮酒"之说。至于文人雅集，无论吟诗论文，还是谈艺赏景，更是无酒不成会。

明代南京官营酒楼鼎盛期间，酒的品类可谓相当丰富，按照酿造者的不同，大致可分以下4种：一是宫廷中由酒醋面局、御酒房、御茶房所监酿之大内酒；二是光禄寺按照大内之方所酿造之内法酒；三是士大夫家的家酿；四是民间市肆酿制之酒。

宫廷所用之酒，多由太监监造，其主要品种有满殿香、秋露白、荷花蕊、佛手汤、桂花酝、竹叶青等，其名色多达六七十种。

明代洪武年间开始允许私营酿酒业的存在，许多品质优秀的黄酒如雨后春笋般呈现在世人面前。明代，后世众多知名黄酒开始发端，呈现出"百花齐放"之异彩。

金坛封缸酒始于明代，据说当年明太祖朱元璋曾驻跸金坛顾龙山，当地百姓献上以糯米酿造的酒，这种酒就是封缸酒的雏形。朱元

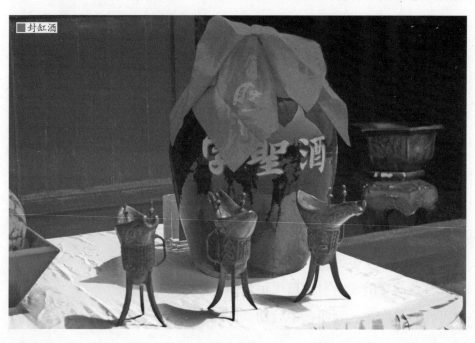
■封缸酒

璋饮后大悦，于是命当地官员将饮剩的酒密封埋入地下。

若干年后，朱元璋消灭群雄，登基为帝，金坛当地官员将当年饮剩的酒进贡给朱元璋。经过埋地密封多年的酒更加甘醇，朱元璋遂为之命名"封缸酒"，并列为贡酒，又称朱酒。

金坛封缸酒主要选用洮湖

■明代酒器

一带所产优质糯米为原料，该米色白光洁，味蕴性黏，香味四溢。

封缸酒的酿制精湛。首先将糯米淘洗、蒸熟、淋净，然后加入甜酒药为糖化发酵剂，在糖分达到一定要求时，再掺入50度小曲酒，立即封缸。经过较长时间的养醅后，再压榨、陈酿，成为成品。其色泽自然，不加色素，澄清明澈，久藏不浊，醇稠如蜜，馥郁芳香。

明代中期，巴陵地区，即洞庭湖一带的"怡兴祥"酿酒作坊酿制的花雕黄酒，深受当时人们的喜爱。

花雕是绍兴酒的代名词，为历代名人墨客所倾倒的传统名酒。"花雕嫁女"是最具绍兴地方特色的传统风俗之一。

早在晋代，上虞人嵇含最初记录了花雕，他在《南方草木状》中详录说：南方人生下女儿时，便开始大量酿酒，等到冬天池塘中的水干涸时，将盛酒的坛子封好口，埋于池塘中。哪怕到夏日积水满池塘时，也不挖出来。只有当女儿出嫁时，才将埋在原池塘中的酒挖出来，用来招待双方的客人。这种酒称为"女酒"，回味极好。

埋于地下的陈年女酒，由于其储存的包装物为经雕刻绘画过的酒坛，故称"花雕"。女酒花雕是家中女儿出嫁时宴请之美酒，是家中

■乌镇三白酒

竹叶青酒 我国传统保健名酒。以汾酒为"底酒",保留了竹叶的特色,再添加10余种名贵中药材以及冰糖、雪花白糖、蛋清等配伍,精制陈酿而成,使该酒具有性平暖胃、舒肝益脾、活血补血、顺气除烦、消食生津等多种功效。

女儿长大成人的见证。饮花雕之际,乃嫁女之时,这是喜事、美事、福事、乐事。

明中期以后,大酿坊陆续出现,绍兴县东浦镇的"孝贞",湖塘乡的"叶万源""田德润"等酒坊,都创设于明代。"孝贞"所产的竹叶青酒,因着色较淡,色如竹叶而得名,其味甘鲜爽口。湖塘乡的"章万润"酒坊很有名,坊主原是"叶万源"的开耙技工,以后设坊自酿,具有相当规模。

明隆庆、万历以后,士大夫家中开局造酒,蔚然成风。原因是市场所沽之酒不尽符合士大夫"清雅"的品饮要求。以至于南京民间市肆中所售本地及各地名酒更是繁多,已形成一定的市场交易规模。

在嘉善民间,流传着明代画家、监察御史姚绶爱喝"三白酒"的故事:

姚绶辞官返乡后,居住在嘉善大云的大云寺,前来求画的人不少。来的都是客,他用大云农家酿制的一种土酒"三白酒"招待。

有一年,一位从京城来的客人探望姚绶,姚绶陪他坐在一条小船上,在十里蓉溪上游览。澄清的河水,泛起花纹般的微波;水草细长,顺流俯伏,仿佛孩子们的头发在清澈的水里摊开了一样。捕鱼的渔夫，驾一叶小舟，头戴竹笠，腰间拴着竹篓，手握细长的竹篙，吆喝鸬鹚去捕鱼。

蓉溪的美景让这位客人陶醉，更使这位客人陶醉的是三白酒。当他喝了三白酒后，连声说好酒好酒，回京时特地向姚绶要了一坛，带回去献给皇帝。

皇帝品尝后，果然觉得不错，大加赞赏，并问这位大臣："此酒何名，来自何处？"大臣如实相告。皇帝传旨，让姚绶从家乡大云进贡几十罐。可是圣旨到达时，姚绶已经作古了。

辛苦了一年的农民，丰收后见到囤里珍珠般的新米，都会按捺不住心头的喜悦，做一缸三白酒祝贺一下好收成。后来，这便演变成了民间的一种习俗。

三白酒以本地自产的大米为主要原料，首先将大米用大蒸笼蒸煮成饭，盛在淘箩里用冷水淋凉。然后把酒药拌入饭中，并搅拌均匀，再倒入大酒缸，捋平，在中央挖一个小潭，放上竹篓后将酒缸加盖密

姚绶（1422－1495），明代官员、书画家。字公绶，号谷庵，少有才名，专攻古文辞，诗赋茂畅。长山水、竹石，宗法元人，受吴镇影响较深。他与杜琼、刘珏、谢缙等明代早期文人画家，为明代中期吴门派的勃兴，起到了承前启后的作用。

■三白酒

乌镇三白酒坊

源
远
的
酒
道

封，并用稻草盖在大缸四周以保持适宜的温度。几天后，酒缸中间的小潭内的竹篓已积满酒酿，此时就将凉开水倒入缸中，淹没饭料，再把酒缸盖严。一周后就可开盖，取出放入蒸桶进行蒸馏，从蒸桶出来的蒸汽经冷却，流出来的就是三白酒了，至此三白酒便酿成了。

每当阳春三月，油菜花盛开时；或是农历十月，丹桂飘香，新糯米收获后，乌镇的农家也要酿制三白酒。

在春天油菜花盛开时酿制的三白酒，称为"菜花黄"；在桂花飘香时做的酒，农家则称为"桂花黄"。三白酒用蒸好的纯糯米饭加酒药发酵，酒色青绿不浑，装坛密封，可数年不变质。

三白酒，嘉兴当地又名杜塔酒。"杜塔"是嘉兴方言，自己做的意思。逢年过节，或有客来，农家就用三白酒来招待客人，自己做的酒表达了农家的真诚和实在，大家务要一醉方休才行。

由于酿酒的普遍，明政府不再设专门管酒务的机构，酒税并入商税。据《明史·食货志》记载，酒按照"凡商税，三十而取一"的标准征收。如此一来，极大地促进了蒸馏酒和绍兴酒的发展。相比之下，葡萄酒因失去了优惠政策的扶持，其发展受到了影响。

尽管在明朝葡萄酒不及白酒与绍兴酒流行，但是经过1000多年的发展，早已有了相当的基础。

在民间文学中，葡萄酒也有所反映。如在冯梦龙收集整理的《童痴一弄·挂枝儿·情谈》中，就描写了明朝人对葡萄的喜爱之情：

> 圆纠纠紫葡萄闻得恁俏，红晕晕香疤儿因甚烧？扑簌簌珠泪儿不住在腮边吊。曾将香喷喷青丝发，剪来系你的臂，曾将娇滴滴汗巾儿，织来束你的腰。这密匝匝的相思也，亏你淡淡地丢开了。

"挂枝儿"是明代后期流行的一种曲调，《童痴一弄·挂枝儿》是用"挂枝儿"由调演唱的小曲，在明代后期非常流行。在民间小曲中都把葡萄编进去了，可见葡萄在当时比较容易获得，酿制和饮用葡萄酒也并非难事。

明朝李时珍所撰《本草纲目》，总结了我国16世纪以前中药学方面的光辉成就，内容极为丰富，对葡萄酒的酿制以及功效也作了细致

■乌镇三白酒坊

的研究和总结。李时珍记录了葡萄酒3种不同的酿造工艺：

第一种方法是不加酒曲的纯葡萄汁发酵。《本草纲目》认为："酒有黍、秫、粳、糯、粟、曲、蜜、葡萄等色，凡作酒醴须曲，而葡萄、蜜等酒独不用曲。""葡萄久贮，亦自成酒，芳甘酷烈，此真葡萄酒也。"

第二种方法是要加酒曲的，"取汁同曲，如常酿糯米饭法。无汁，用葡萄干末亦可。"

第三种方法是葡萄烧酒法："取葡萄数十斤，同大曲酿酢，取入甑蒸之，以器承其滴露。"

在《本草纲目》中，李时珍还提到葡萄酒经冷冻处理，可提高质量。久藏的葡萄酒，"中有一块，虽极寒，其余皆冰，独此不冰，乃酒之精液也。"这已类似于现代葡萄酒酿造工艺中，以冷冻酒液来增加酒的稳定性的方法。

对于葡萄酒的保健与医疗作用，李时珍提出了自己的认识。他认为酿制的葡萄酒能"暖腰肾，驻颜色，耐寒。"而葡萄烧酒则可"调气益中，耐饥强志，消炎破癖。"这些见解，已被后世医学所证实。

阅读链接

明太祖朱元璋相信酒后吐真言，曾经以酒试大学士宋濂。宋濂是明开国初期跟刘基一起受朱元璋重用的，后来当过太子的老师。宋濂为人一向谨慎小心，但朱元璋对他并不放心。有一次，宋濂在家里请几个朋友喝酒。第二天上朝，朱元璋问他昨天喝过酒没有，请了哪些客人，备了哪些菜。宋濂如实回答。朱元璋笑着说："你没欺骗我!"原来，朱元璋已暗暗派人去监视了。

朱元璋曾在朝廷上称赞宋濂说："宋濂伺候我19年，从没说过一句谎言，也没说过别人一句坏话，真是个贤人啊!"

清代各类酒的发扬光大

　　清代，不论是社会生产还是科技的发展，都远远超出先前的各个朝代。在酿酒和药酒的使用方面上都有了一定的发展。

　　清代出现了许多闻名遐迩的名酒。清乾隆年间，大臣张照献松苓酒方，乾隆皇帝便命人照方酿酒：寻采深山古松，挖至树根，将酒瓮开盖，埋在树根下，使松根的液体被酒吸入，一年后挖出，酒色一如琥珀，味道极美。乾隆皇帝常有节制地饮用松苓酒，有益长寿。有人说乾隆寿跻九旬，身体强健，与饮松苓酒有关。

　　在清代，蒸馏酒的技术已经和后世酿酒技术十分接近。在水井坊一共发现了4处灶坑遗址，其中两个是清代灶坑。水井坊遗址让人们第一次清晰

■清代酒馆场景复原

■ 古酿酒作坊

张照 （1691-1745），初名默，字得天、长卿，号天瓶居士。乾隆时大书法家，常为乾隆皇帝代笔，擅长行楷书；聪明颖悟，深通释典，诗多禅语。书法天骨开张，气魄浑厚。兼能画兰，间写墨梅，疏花细蕊，极其秀雅。通法律，工书法，尤精音律。

地看到了古代酿酒的全过程：

蒸煮粮食，是酿酒的第一道程序，粮食拌入酒曲，经过蒸煮后，更有利于发酵。在传统工艺中，半熟的粮食出锅后，要铺撒在地面上，这是酿酒的第二道程序，也就是搅拌、配料、堆积和前期发酵的过程。晾晒粮食的地面有一个专门的名字，叫晾堂。水井坊遗址一共发现3座晾堂。

晾堂旁边的土坑是酒窖遗址，就像一个个陷在地里的巨大酒缸。水井坊有8口酒窖，内壁和底部都用纯净的黄泥土涂抹，窖泥厚度8厘米到25厘米不等。

酒窖里进行的是酿酒的第三道程序，对原料进行后期发酵。经过窖池发酵的酒母，酒精浓度还很低，需要经进一步的蒸馏和冷凝，才能得到较高酒精浓度的白酒，传统工艺采用俗称天锅的蒸馏器来完成。

北京酿制白酒的历史十分悠久。早在金代将北京定为"中都"时就传来了蒸酒器，酿制烧酒。到了清代中期，京师烧酒作坊为了提高烧酒质量，进行了工艺改革。在蒸酒时用作冷却器的称为"锡锅"，也称"天锅"。蒸酒时，需将蒸馏而得的水，经过放入天锅内的凉水冷却流出的成酒，及经第三次换入天锅里的凉水冷却流出的"酒尾"提出做其他处理。

因为第一锅和第三锅冷却的成酒含有多种低沸点和高沸点的物质成分，所以一般只提取经第二次换入"天锅"里的凉水冷却而流出的酒，这就是所谓的"二锅头"，是一种很纯净的好酒，也是质量最好的酒。

清代末期，二锅头的工艺传遍北京各地，颇受文人墨客赞誉。清代诗人吴延祁曾云：

自古才人千载恨，至今甘醴二锅头。

据说，清代小说家曹雪芹与敦诚相聚次数较多，二人的"佩刀质酒"故事广为流传。

在当时，曹雪芹在专供皇族子孙及宗室子弟入学

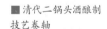

■清代二锅头酒酿制技艺卷轴

■ 曹雪芹（约1715或1721～约1764），清代著名的文学家、小说家。他素性放达，爱好研究广泛：金石、诗书、绘画、园林、中医、织补、工艺、饮食等。后以坚韧不拔之毅力，历经多年艰辛，创作出极具思想性、艺术性的伟大作品《红楼梦》。

的宗学里当差，清太祖努尔哈赤兄弟阿济格的后代敦诚、敦敏两兄弟在宗学里学习，由于双方的遭遇相仿，脾气、爱好相投，逐渐成为知交。

有一年秋末，曹雪芹从山村来北京城探访敦敏。由于心事重重，一晚上都睡不好，很早就起床了。偏偏这天天气变了，从夜里就下起淋漓的冷雨来，寒气逼人。

曹雪芹衣裳单薄，肚子里又无食，冻得直发抖。嗜酒如命的曹雪芹这时什么都不想要，只想喝一斤烧酒，暖暖身子。但时间尚早，主人家都还在睡觉。

正在苦闷的时候，有一个人披衣戴笠走来了，曹雪芹仔细一看，竟是好友敦诚！敦诚看到曹雪芹后，更是惊喜不已。他们没讲几句话，就一同悄悄地到附近的小酒店买酒喝去了。

曹雪芹几杯酒落肚后，精神焕发，开始高谈阔论起来。酒喝完了，两人一摸口袋，却是囊中羞涩。于是解下佩刀说："这刀虽明似秋霜，可是把它变卖了，还买不了一头牛种田。拿它去临阵杀敌，又没有咱们的份儿，不如将它作抵押，润润我们的嗓子。"

曹雪芹听了，连说"痛快"！之后敦诚作了一首《佩刀质酒歌》，记录下这段偶遇。

曹雪芹嗜酒健谈，性情高傲，他卖画挣的钱，除习近平总书记说："提高国家文化软实力，要努力展示中华文化独特魅力。在5000多年文明发展进程中，中华民族创造了博大精深的灿烂文化，要使中华民族最基本的文化基因与当代文化相适应、与现代社会相协调，以人们喜闻乐见、具有广泛参与性的方式推广开来，把跨越时空、超越国度、富有永恒魅力、具有当代价值的文化精神弘扬起来，把继承传统优秀文化又弘扬时代精神、立足本国又面向世界的当代中国文化创新成果传播出去。"

为此，党和政府十分重视优秀的先进的文化建设，特别是随着经济的腾飞，提出了中华文化伟大复兴的号召。当然，要实现中华文化伟大复兴，首先要站在传统文化前沿，薪火相传，一脉相承，弘扬和发展5000多年来优秀的、光明的、先进的、科学的、文明的和自豪的文化，融合古今中外一切文化精华，构建具有中国特色的现代民族文化，向世界和未来展示中华民族具有独特魅力的文化风采。

中华文化就是中华民族及其祖先所创造的、为中华民族世世代代所继承发展的、具有鲜明民族特色而内涵博大精深的优良传统文化，历史十分悠久，流传非常广泛，在世界上拥有巨大的影响力，是世界上唯一绵延不绝而从没中断的古老文化，并始终充满了生机与活力。

浩浩历史长河，熊熊文明薪火，中华文化源远流长，滚滚黄河、滔滔长江是最直接的源头，这两大文化浪涛经过千百年冲刷洗礼和不断交流、融合以及沉淀，最终形成了求同存异、兼收并蓄的辉煌灿烂的中华文明。

中华文化曾是东方文化的摇篮，也是推动整个世界始终发展的动力。早在500年前，中华文化催生了欧洲文艺复兴运动和地理大发现。在200年前，中华文化推动了欧洲启蒙运动和现代思想。中国四大发明先后传到西方，对于促进西方工业社会形成和发展曾起到了重要作用。中国文化最具博大性和包容性，所以世界各国都已经掀起中国文化热。

中华文化的力量，已经深深熔铸到我们的生命力、创造力和凝聚力中，是我们民族的基因。中华民族的精神，也已深深根植于绵延数千年的优秀文化传统之中，是我们的精神家园。但是，当我们为中华文化而自豪时，也要正视其在近代衰微的历史。相对于5000年的灿烂文化来说，这仅仅是短暂的低潮，是喷薄前的力量积聚。

中国文化博大精深，是中华各族人民5000多年来创造、传承下来的物质文明和精神文明的总和，其内容包罗万象，浩若星汉，具有很强的文化纵深感，蕴含丰富的宝藏。传承和弘扬优秀民族文化传统，保护民族文化遗产，已经受到社会各界重视。这不但对中华民族复兴大业具有深远意义，而且对人类文化多样性保护也有重要贡献。

特别是我国经过伟大的改革开放，已经开始崛起与复兴。但文化是立国之根，大国崛起最终体现在文化的繁荣发展上。特别是当今我国走大国和平崛起之路的过程，必然也是我国文化实现伟大复兴的过程。随着中国文化的软实力增强，能够有力加快我们融入世界的步伐，推动我们为人类进步做出更大贡献。

为此，在有关部门和专家指导下，我们搜集、整理了大量古今资料和最新研究成果，特别编撰了本套图书。主要包括传统建筑艺术、千秋圣殿奇观、历来古景风采、古老历史遗产、昔日瑰宝工艺、绝美自然风景、丰富民俗文化、美好生活品质、国粹书画魅力、浩瀚经典宝库等，充分显示了中华民族厚重的文化底蕴和强大的民族凝聚力，具有极强的系统性、广博性和规模性。

本套图书全景展现，包罗万象；故事讲述，语言通俗；图文并茂，形象直观；古风古雅，格调温馨，具有很强的可读性、欣赏性和知识性，能够让广大读者全面触摸和感受中国文化的内涵与魅力，增强民族自尊心和文化自豪感，并能很好地继承和弘扬中国文化，创造未来中国特色的先进民族文化，引领中华民族走向伟大复兴，在未来世界的舞台上，在中华复兴的绚丽之梦里，展现出龙飞凤舞的独特魅力。

食在中国——饮食历史

东方文明——筷子文化

饮食历史

　　我国饮食文化历史悠久，博大精深。它经历了几千年的历史发展，已成为中华民族的优秀文化遗产。我国传统饮食具有丰富多样的烹饪技艺和绚丽多彩的文化内涵。我国饮食文化的特点是以提供日常膳食为目的，辅以品味和养生等功效，满足人们对饮食的需求。

　　在我国古代，相对于简单的主食，先民们更加注重佐餐的各种菜肴，以各种菜肴的质量、品种以及口味反映饮食的丰富以至品位。所以，发展到后来，便直接演变成以各地的菜肴风味代表当地的饮食风格了。

上古时期饮食文化的萌芽

在原始社会时期，我们祖先只能将猎取的动物和摘取的植物生食。当时，人们依靠狩猎为生，间或捕捉到一些小动物，他们很自然地会先食用那些已死的猎物，活着的动物则暂时存放几日，偶尔可能还会给它喂点草料。

动物畜养就这样不知不觉地发明了，一些野生动物经过长期驯化繁育，逐渐演化为家畜。人们起初饲养最普遍的家畜是猪。

传说，有一个叫火帝的少年在大人们出去打猎时，在家中饲养"猪仔"。一日，火帝在自娱自乐中用两块石头碰撞，结果迸出刺眼

■ 远古人畜养动物

■ 远古人耕种水稻复原图

火花，一下把猪圈的柴草点着了。

过了好长时间，大火才熄灭，猪仔也被烧死了，但被烧烤过的猪仔散发出诱人的香味，令火帝垂涎不已。火帝的父母回来后，也挡不住诱惑，一起将烤猪仔肉吃掉了，从此以后，在华夏民族繁衍生息的地方开启了熟食的先例。

后来，由于人口不断增加，猎取的食物已不足以维持人们的生活了。神农氏为了解决人们的饥饿问题，走遍华夏大地，亲尝百草，辨别出了五谷和草药。他还发明了农具，教人们根据天时地利进行种植，使五谷成为人们的主要食物。从此，收成相对稳定的农作物，保障了人们的生活。

当时，在黄河流域广大干旱地区，尤其是在黄土高原地带，气候干燥，适宜旱作，占首要地位的粮食作物是粟，俗称小米。小米在新石器时期就已经是人们的食物了，在稍晚的仰韶文化、大汶口文化及龙山文化遗址中也均发现有谷物种子。

而在华南地区，由于气候温暖湿润，雨量充沛，河湖密布，水稻是大面积种植的农作物。

华北粟类旱地农业和华南稻类水田农业，这个格局从那时起就影

■ 远古人磨制石器

响到了我国南北饮食传统的形成。主食的差异，不仅带来了文化上的差异，甚至对人的体质发育也产生了深远影响。

后来产生了石烹，这是饮食文化的一大飞跃。石烹是最初、最简单不过的熟食。当时既无炉灶，也还不知锅碗为何物，陶器尚未发明，人们还是两手空空。人们将谷物和肉放在石板上，在石板下点燃柴火，把食物烤熟再吃。我国古代称之为石烹。

传说在六七千年前，由于山上的猎物和野果已满足不了人们的生活需要，他们便慢慢地走出了大山。

嵩山山脉韶山峰下，有一片富饶美丽的好地方。从山上下来的人，有个叫陶的族长，带领族人来到了这块地方。漫长的辛勤劳动，使他们发明了不少劳动工具，陶把这些经验积累起来，磨出了各种各样的石器：石斧、石锥、石凿、石碗等。

由于物产不断地丰富和积累，这样就需要储存粮食、干肉和果品了，于是他们用土和泥制成各种各样储物器，在太阳下晒干使用，这种泥器成为他们当时较为广泛使用的生活用品之一。

一天黄昏，狂风大作，天昏地暗。原来还没来得及熄灭的烤肉火堆被风吹散开来，燃着了杂草、树木、庄稼和茅棚，一会儿就成了一片火海。大火过后，树上的果子没了，只留下枯干残枝；田野的庄稼没了，只留下片片灰烬。

在不幸的遭遇中，陶却发现了一个奇迹：那些晒制的泥制储器，比原来坚硬得多，敲起来清脆悦耳，尤其是放在洞穴里的效果更好。于是，他就带领族人掘洞建窑试烧这种坚硬的储物器。

陶死后，大家推举他的儿子缶为首领。为了怀念陶的功绩，大家把这种储物器叫陶器。有了陶器，人们可以将它直接放在火中炊煮，这为从半熟食时代进入完全的熟食时代奠定了基础。

最早用于饮食的陶器都可以称为釜，是底部支起的有足陶器，以便于烧火加热，传说是黄帝始造。陶釜的发明具有重要意义，后来的釜不论在造型和质料上都产生过很多变化，但它们煮食的原理却没有改变。更重要的是，许多其他类型的炊器几乎都是在釜的基础上发展改进而成的。

例如甑便是如此。甑的发明，使得人们的饮食生活又产生了重大变化。釜熟是指直接利用火，谓之煮；而甑烹则是指利用火烧水产生

■ 古人烧制陶器

甑 我国的蒸食用具，古代蒸饭的一种瓦器，为甗的上半部分，与鬲通过镂空的箅相连，用来放置食物，利用鬲中的蒸汽将甑中的食物煮熟。单独的甑很少见，多为圆形，有耳或无耳。

的蒸汽，谓之蒸。有了甑蒸作为烹饪手段后，人们至少可以获得超出煮食一倍的馔品。

蒸法是东方区别于西方饮食文化的一种重要烹饪方法，这种传统已有5000年的历史。这时，我国饮食从烹饪方式而言，也因为食物类别不同、炊具不同，而显示地域差异。

在黄河中下游地区，7000年前原始的陶鼎便已广为流行，几个最早的部落都用鼎为饮食器，从鼎的制法到造型都有惊人的相似之处，都是在容器下附有三足。陶鼎大一些的可做炊具，小一些的可做食具。

鼎在长江流域较早见于下游的马家浜文化与河姆渡文化。中游的大溪文化和屈家岭文化则盛行用鼎。河姆渡和大溪文化虽不多见鼎，却发现许多像鼎足一样的陶支座，可将陶釜支立起来，与鼎的功效接近。

与鼎大约同时使用的炊具还有陶炉，在我国南北地区均有发现，以北方仰韶和龙山文化所见为多。仰

■ 远古人生活场景

■ 河姆渡遗址石雕

韶文化的陶炉矮小，龙山文化的陶炉为高筒形，陶釜直接支在炉口上，类似的陶炉在商代还在使用。南方河姆渡文化陶炉为舟形，没有明确的火门和烟孔，为敞口形式。

新石器时代晚期，中原及邻近地区居民还广泛使用陶鬲和陶甗作为炊煮器。这两种器物都有肥大的袋状三足，受热面积比鼎大得多，是两种改进的炊具，它们的使用贯穿整个铜器时代，普及到一些边远地区。此外还出现了一些艺术色彩浓郁的实用器皿，有些将外形塑成动物的形状，表现了人们对精神生活的追求。

就在这一时期，在山东半岛南岸一带，住着一个原始的部落夙沙，部落里有个人名叫夙沙氏，他聪明能干，膂力过人，善使一张用绳子结的网，每次下海，都能捕获很多的鱼鳖。

河姆渡文化 我国长江流域下游地区古老的新石器文化，第一次发现于浙江余姚河姆渡，因而命名。河姆渡文化的社会经济是以稻作农业为主，兼营畜牧、采集和渔猎。在遗址中普遍发现有稻谷、谷壳和稻叶等遗存。

　　有一天，夙沙氏在海边煮鱼吃，他和往常一样提着陶罐从海里打半罐水回来，刚放在火上煮，突然一头大野猪从眼前飞奔而过，夙沙氏见了岂能放过，拔腿就追，等他扛着死猪回来，罐里的水已经熬干了，缶底留下了一层白白的细末。他用手指蘸点放到嘴里尝尝，味道又咸又鲜。

　　于是，夙沙氏用它就着烤熟的野猪肉吃起来，味道好极了。他把从海水中熬出来的白白的细末叫作盐，并且把制盐方法和盐的好处告诉了整个部落的人们，也传遍了华夏大地。

阅读链接

　　在我国古代传说中，关于食盐的由来还有一个比较离奇的故事。蚩尤曾与黄帝激战于涿鹿之野，被黄帝追而斩之，血流满地，变而为盐，因蚩尤罪孽深重，故百姓食其血，这就是我国古代曾把"盐"说成是"蚩尤之血"的由来。

　　火和盐是饮食文化中两个重大的元素，有了火，人们才有了熟食；而有了盐，饮食才变得更有滋味，也使食物营养更丰富。盐被称为"食肴之将""食之急者""国之大宝"，所以自古以来，都十分重视盐的生产。

文明标志的商周时期饮食

　　到了商代，人们在饮食、烹饪方面开始有了一定的规律，食品种类和烹饪方法都呈现出多样性；人们同时对食品保健功能和烹饪的色香味提出了更高要求，向饮食文化方向发展。

　　恰在此时，出现了一位伟大的厨师伊尹，他又从厨师一跃成为我国商代的第一位宰相，更为这位厨师增添了传奇色彩。

　　原来，在商王朝首都朝歌附近，有一个名叫"空桑"的小村

　■ 伊尹 名伊，被后人尊之为历史上的贤相，奉祀为"商元圣"，是历史上第一个以负鼎组调五味而佐天子治理国家的杰出庖人。他创立的"五味调和说"与"火候论"，至今仍是我国烹饪的不变之规。因其母亲在伊水河附近居住，故以伊为氏。尹为官名，甲骨卜辞中称他为伊，金文则称为伊小臣。伊尹一生对我国古代的政治、军事、文化、教育等多方面都作出过卓越贡献，是杰出的思想家、政治家、军事家，我国历史上第一个贤能相国、帝王之师、中华厨祖。

■ 商汤（？～约前1588年）子姓，名履。商朝的开国君主，公元前1617至前1588年在位，在位30年，其中17年为夏朝商国诸侯，13年为商朝国王。后人多称商汤，又称武汤、天乙、成汤、成唐，甲骨文称唐、大乙，又称高祖乙，商人部落首领。

庄。空桑村原来叫莘口村，夏朝时期归属有莘部落。有莘部落女子在村头采桑时，听到一棵老桑树的树洞中传出婴儿的啼哭声，从空桑树洞中将婴儿抱走并把他交给一个庖人即厨师抚养，庖人就给这个婴儿取名伊尹。后人为了纪念这件事，便将莘口村改为空桑村了。

后来，庖人教给伊尹掌握厨师的技艺，伊尹经过刻苦学习，厨艺逐渐远近闻名。商汤听到伊尹的厨艺高超的名声，就三次派人向有莘氏求婚，这使得这个小邦之君十分高兴，不仅心甘情愿地把女儿嫁给了商汤，而且还答应让伊尹做了随嫁的媵臣，使商汤达到了目的。

商汤郑重其事地为伊尹在宗庙里举行了除灾祛邪的仪式：在桔槔上点起火炬，在伊尹身上涂抹猪血。

伊尹刚到商汤宫里的时候，仍做厨师。由于他精通五味调和之道理，烹饪技术十分高超。有一次，伊尹用天鹅精心制作了一道"鹄羹"。商汤品尝后非常高兴，便决定向他询问烹饪之术。

到了第二天，商汤正式召见伊尹，伊尹开口就从

宗庙 我国的宗庙制度是祖先崇拜的产物，人们在阳间为亡灵建立的寄居所即宗庙。封建社会的宗庙制是天子七庙，诸侯五庙，大夫三庙，士一庙。庶人不准设庙。同时宗庙亦是供奉历朝历代帝王牌位、举行祭祀的地方。

饮食滋味说起。他说只有掌握了娴熟的技巧，才能使菜肴达到久而不败，熟而不烂，甜而不过，酸而不烈，咸而不涩苦，辛而不刺激，淡而不寡味，肥而不腻口……他向商汤仔细介绍了自己的烹调理论，商汤十分赞赏。

在伊尹的说辞中不仅列举了四面八方的饮食特产，更重要的是"三材五味"论，道出了我国商汤早期烹饪所达到的水平。伊尹通过在商汤身边的耳濡目染，听君臣讨论国家大事，总结出治理国家和烹饪的道理大有相同之处。

伊尹以烹饪之道讲述治国之理，他提出治理国家也和做菜一样，既不能太急，也不能松弛懈怠，只有恰到好处才能把事情做好。伊尹认为："凡当政的人，要像厨师调味一样，懂得如何调好甜、酸、苦、辣、咸五味。首先得弄清各人不同的口味，才能满足他们的嗜好。作为一个国君，自然须得体察平民的疾苦，洞悉百姓的心愿，这样才能满足他们的要求。"

伊尹强调说："美味好比仁义之道，国君首先要知道仁义即天下的大道，有仁义便可顺天命成为天子。天子行仁义之道以化天下，太平盛世自然就会出现了。"

伊尹的这一通宏篇大论，不仅说得商汤馋涎欲滴，而且

■伊尹塑像

■ 周公与群臣商议制礼图

美味的饮食

《尚书》又称《书》《书经》，是一部多体裁文献汇编，分为《虞书》《夏书》《商书》《周书》。战国时期总称《书》，汉代改称《尚书》，即"上古之书"。因是儒家五经之一，又称《书经》。内容主要是君王任命官员或赏赐诸侯时发布的政令。

使得这位开明之君的思想发生了重大的改变。他很受启发，从此以后，伊尹经常以烹调作为引子，分析天下大势，讲述治国平天下的道理。自从听到了伊尹的高论，更坚定了商汤攻伐夏桀推翻夏王朝的决心。

商汤多次与伊尹交谈，发现他不仅是一位烹饪高手，而且还具有治国安邦之才，于是决定任命他为宰相。伊尹主持政务，辅佐商汤发展农耕，铸造兵器，训练军队，使商部落日渐强大。伊尹看到夏朝气数已尽，就用"割烹"作比喻，向商汤建议"讨伐夏桀、拯救人民"，最后辅佐商汤推翻了残暴的夏朝。

伊尹是中华食文化的鼻祖，被尊为"烹饪之圣"。而且他辅佐商汤灭掉了夏朝，成为我国有史料明确记载的第一位宰相，被称为"华夏第一相"。因为他出生在莘地，长大后当了官，戴上了官帽，成为了商朝的宰相，所以"宰"字就是"莘"字上面去草加官帽。据说宰相的"宰"字就是由此而来。

到了西周，统治者接受商王朝倾覆的教训，严禁饮酒。我国战国时期的最早的史书《尚书·酒诰》记载了周公对酒祸的具体阐述。他说上天造了酒，并不是给人享受的，而是为了祭祀。周公还指出，商代从成汤到帝乙二十多代帝王，都不敢纵酒而勤于政务，而继承者纣王却不是这样，整天狂饮不止，尽情作乐，致使臣民怨恨，"天降丧于殷"，使老天也有了灭商的意思。

　　周公因此制定了严厉的禁酒措施，规定周人不得"群饮""纵酒"，违者处死。包括对贵族阶层，也要强制戒酒。

　　禁酒的结果反而造成了列鼎而食。酒器派不上用场了，所以西周时的酒器远不如商代那么多，而食器有逐渐增加的趋势。当时的食器有簋和鼎等。这些鼎的形状、纹饰以至铭文都根据贵族的等级而定，有时仅有大小的不同，容量依次递减。这就是"列鼎而食"。

　　列鼎数目的多少，是周代贵族等级的象征。用鼎有着一整套严格的制度。据《仪礼》和《礼记》的记载，大致可分别为一鼎、三鼎、五鼎、七鼎、九鼎等。

　　与鼎相配的是簋，形似碗而大，有盖和双耳。西周的铜簋下面带有一个中空的方座或三足，那是

宰相　是辅助帝王掌管国事的最高官员的通称。宰相最早起源于春秋时期。管仲就是我国历史上一位杰出的宰相。到了战国时期，宰相的职位在各个诸侯国都建立了起来。宰相位高权重，甚至受到皇帝的尊重。"宰"的意思是主宰，"相"本为相礼之人，字意有辅佐之意。"宰相"联称，始见于《韩非子·显学》中。

■ 西周扬鼎

■西周青铜利簋

美味的饮食

《周礼》儒家经典，相传是西周时期的著名政治家、思想家、文学家、军事家周公旦所著，所涉及之内容极为丰富。凡邦国建制，政法文教，礼乐兵刑，赋税度支，膳食衣饰，寝庙车马，农商医卜，工艺制作，各种名物、典章、制度，无所不包。堪称为上古文化史之宝库。

用于燃炭火温食的。用簋的多少，一般与列鼎相配合，如五鼎配四簋，七鼎配六簋，九鼎配八簋。九鼎八簋，即为天子之食，算是最高的规格。

周天子的御膳：周代天子的饮食分饭、饮、膳、馐、珍、酱六大类，其他贵族则依等级递减。据后世编撰的《周礼·天官·膳夫》记载，王之食用稻、黍、稷、粱、麦、苽六谷，膳用马、牛、羊、豕、犬、鸡六牲，馐共百二十品，珍用八物，酱则百二十瓮。

这些大多指的是原料，烹调后所得馔品名目更多。战国末年或秦汉之际儒家著作《礼记·内则》所列天子和贵族们的饮食中，有饭八种、膳二十种、饮六种、酒两种、馐两种。天子之馐多至一百二十品，不胜枚举。还有"庶羞"，枣、栗、榛、柿、瓜、桃、李、梅、杏、楂、梨、姜、桂等瓜果。

在这种情况下，产生了我国最早的用独特方法制作的风味馔品，称为"八珍"。八珍是在我国周代精心烹制的八种食品，其烹调方法完整地保存在《礼记·内则》中，是古代典籍中所能查找到的最古老的一份菜谱。

八珍可以看作是周代烹饪发展水平的代表作，无论在选料、加工、调味和火候的掌握上，都有一定的章法，形成了一套固定的模式，奠定了中华民族饮食烹饪传统的基础，后世所食用的诸多馔品都是在八珍的基础上发展而来的。

在西周时，王室已总结出一些饮食经验：面对丰盛饮食，不能胡乱吃喝一通。并制定了一些主食与副食的配伍法则。宫廷内专设"食医"中士二人，主管此事，他们负责时常提醒天子。配餐原理，非医道而不可谙，有食医把关，天子自可放心地去吃了。

食有所宜，亦有所忌，周代时已有了许多经验之谈，《礼记·内则》说："凡食齐视春时，羹齐视夏时，酱齐视秋时，饮齐视冬时。"讲的是饭要温时食用，以春天来作比方，肉羹则要趁热吃；热如炎夏时，酱类则要吃凉的；凉如秋风时，饮料则要冷饮为宜。

不仅如此，周代对于烹饪所用的作料，也规定了一些配伍法则，表明当时的饮食生活已建立在相对科学的基础上，这些是宫廷厨师们不断探索的结果。

例如做脍，规定作料"春用葱，秋用芥"；而烹豚，则"春用韭，秋用蓼"。烹调牛羊豕三牲要用茲，以散肉毒，调味用醯。如是野兽类，则取梅调味。又如烹雉，只用香草而不用蓼。

早在商代之时，调味品主要是盐、梅，取咸、酸主味，

■ 周代食器

■周代宴会音乐表演浮雕

正如《尚书·说命》所言"若作和羹，尔惟盐梅"。到周代之时，调味固然也少不了用盐梅，而更多的是用酱，这种酱便是可以直接食用的醯醢。

周天子不仅馐有一百二十品，酱亦有一百二十瓮。一百二十瓮酱中包括醯物六十瓮、醢物六十瓮，实际是分指"五齑、七醢、七菹、三臡"等。其中三臡为鹿臡、麋臡、麇臡，均为野味。臡为带骨的肉块，有骨为臡，无骨为醢，二者烹法相同，均用于肉渍麹和酒腌百日而成。

《礼记·曲礼》说"献孰食者操酱齐"，孰食即熟肉，酱齐指酱醢。吃什么肉，便用什么酱，有经验的吃客，只要看到侍者端上来的是什么酱，便会知道能吃到哪些珍味了。

每种肴馔几乎都要专用的酱品配餐，这是周代贵族们创下前所未有的饮食制度。孔子的名言"不得其酱不食"，正是这种配餐原则最好的体现。

酱的制作离不了盐，东汉泰山太守应劭所著《风俗通义》说"酱成于盐而咸于盐"。最初是煮海造盐，后来还有池盐、井盐、末盐、岩盐等。盐大都出自人力，也有纯为天然者，在一些河水中、大漠下，都有天然盐块可取用。

《礼记·礼运》说："夫礼之初，始诸饮食。"礼仪产生于饮食活动，饮食之礼是一切礼仪的基础。至迟在周代，饮食礼仪形成了一

美味的饮食

套相当完整的制度。饮食内容的丰富，居室、餐具等饮食环境的改善，促使高层次的饮食礼仪产生了，与礼仪相关联的一些习惯也逐渐形成了。

　　周代的饮食礼仪，经过儒家后来的精心整理，比较完整地保存在《周礼》《仪礼》和《礼记》中，主要包括客食之礼、待客之礼、侍食之礼、丧食之礼、进食之礼、侑食之礼、宴饮之礼等。

阅读链接

　　古代的饮食礼仪过于繁复，例如食物，符合礼仪规定的食物并不一定都爱吃，如大羹、玄酒和菖蒲菹之类。另外想吃的食物，却又因不符合礼仪规定而不能一饱口福。不用于祭祀的食物都不能吃，而用于祭祀的食物却未必全都好吃。贾谊《新书》载：周武王做太子时，很喜欢那闻着臭吃着香的鲍鱼，可姜太公就是不让他吃，说是鲍鱼不适于祭祀，所以不能用这类不合礼仪的东西给太子吃。

风味多样的春秋战国时期

　　春秋战国时期，随着周王室权威的衰落，数百年来诸侯互相吞并。各个地区的风俗习惯互相融合，在饮食文化上逐渐形成了南北两大风味。

　　在北方，齐鲁大地是我国古代文化的发祥地之一，其饮食文化历史悠久，烹饪技术比较发达，形成了我国最早的地方风味菜，这就是鲁菜。

■ 川菜炖鸡煲

　　在南方，楚国称雄一时。西拥云贵，南临太湖，长江横贯中部，水网纵流南北，气候寒暖适宜，土壤肥沃，被誉为"鱼米之乡"。"春有刀鲚夏有鲥，秋有肥鸭冬有蔬"，一年四季，水产畜禽菜蔬相继上市，为烹饪技术发展提供了优越的物质条件，逐渐形成了苏菜的雏形。

在西边，秦国占领了古代的巴国、蜀国，接着派李冰将水患之乡改造成"天府之国"，加之有大批汉中移民的到来，结合当地的气候、风俗以及古代巴国、蜀国的传统饮食习惯，产生了影响巨大的川菜的雏形。

■ 春秋时期的石磨

广东的饮食文化，就是将中原地区先进的烹饪技艺和器具引入岭南，结合当地的饮食资源，使"飞、潜、动、植"皆为佳肴。形成兼收并蓄的饮食风尚，产生了粤菜。

商周时期的粮食作物仍是春秋战国时期的主食，但是比重有所变化，如商周时期文献中经常提到黍稷，到春秋战国时期则更多的是"粟菽"并重。

菽就是大豆，在粮食中的地位也比过去提高，这其中的原因之一就是石磨的发明，改变了大豆的食用方式。过去是直接将大豆煮成豆饭吃，而大豆又是很难煮烂的，食用很不方便。有了石磨，就可将大豆磨成粉和豆浆，食用起来就很方便。

同时，大豆又是一种耐瘠保收的作物，青黄不接之时可以救急充饥。此外，大豆的根部有丰富的根瘤菌，可以肥田，有利于下茬作物的生长，所以大豆的种植日益广泛。

李冰 战国时期我国著名的水利工程专家。公元前256年至前251年被秦昭王任为蜀郡太守。其间，他征发民工在岷江流域兴办许多水利工程，其中以他和儿子一同主持修建的都江堰水利工程最为著名，为成都平原成为天府之国奠定了坚实的基础。他被后人尊为川主。

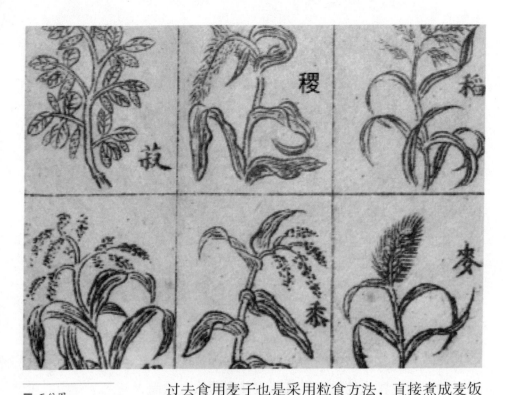

■ 五谷图

石磨 用于把米、麦、豆类等粮食加工成粉、浆的一种机械。开始用人力或畜力，到了晋代，我国发明用水作动力的水磨。通常由两个圆石做成。磨是平面的两层，两层的接合处都有纹理，粮食从上方的孔进入两层中间，沿着纹理向外运移，在滚动过两层面时被磨碎，形成粉末。

过去食用麦子也是采用粒食方法，直接煮成麦饭食用，不易消化。用石磨将麦子磨成面粉，粒食改为面食，可以蒸煮成各种各样的面食，既可口又易于消化，极受人们的欢迎。

小麦是一种越冬作物，可以和粟等粮食作物轮作，提高复种指数来增加单位面积产量，也是解决青黄不接之时的重要口粮，于是在春秋时就得到官府的重视，大力推广种植。

作为南方主粮的水稻，虽然早在商周时期的黄河流域已有种植，但面积不大，在粮食作物中的比重很小，一直到春秋时期还是珍贵的食物，孔子《论语·阳货》说："食乎稻，衣乎锦，于汝安乎？"可见只有上层贵族才能食用稻米。

由于春秋战国时期的畜牧业和园圃业以及水产

养殖与捕捞业都很发达，所以这一时期的副食品也非常丰富多样。战国法家思想的集大成者韩非在《韩非子·难二》中说，当时，农民们"务于畜养之理，察于土地之宜，六畜遂，五谷殖，则入多"。

当时的"六畜"是指马牛羊鸡犬猪，牛马主要作为农耕和交通的动力，肉食主要靠猪羊鸡狗等小牲畜。所以东周战国时期伟大的思想家、教育家、政治家和儒家的主要代表人物之一孟子在《孟子·梁惠王上》说："鸡豚狗彘之畜，无失其时，七十可以食肉也。"

鱼、鳖是人们喜爱的副食品之一，如孟子的名句"鱼，我所欲也，熊掌，亦我所欲也。二者不可得兼，舍鱼而取熊掌者也。"与熊掌相比，鱼是日常易得之食品。孟子又说："数罟不入湾池，鱼鳖不可胜食也。""不可胜食"，可见食鱼的数量很多。

相对而言，鳖的饲养和捕捞较为烦琐，故鳖类比鱼类更为珍贵些。春秋末年左丘明所著《左传·宣公四年》记载，楚国送大鳖给郑灵公，宋子公在灵公处看到后对人说："他日我如此，必尝异味。"鳖被称为"异味"，自然是难得的珍味，又是作为赠送王侯之礼品，

■ 苏菜家常鲫鱼

可见其珍贵程度。

春秋战国时期的饮料，除了开水以外，主要是浆（即以豆类、米类或果类调制的饮料）、乳、酒、茶。《论语·雍也》："一箪食，一瓢饮，在陋巷……"即普通穷人的日常生活也需要饮料。春秋战国时期的主要饮料之一就是浆，《史记·货殖列传》说："浆千甔……此亦比千乘之家。"有人是靠卖浆而发家致富，可见社会需要量很大，才有人进行专业性经营。

《周礼·天官·酒正》郑玄注："浆，今之哉浆也。"贾公彦疏："米汁相载，汉时名'哉浆'。"可见是用米汁制成带酸性的饮料。

另外，《礼记·内则》郑玄在注释"醷"时说："梅浆也。"可见是一种添加酸梅汁之类的酸性饮料。

大诗人屈原《楚辞·九歌》中还有"尊桂酒兮椒浆""援北斗兮酌桂浆也"，则是掺有花椒之类原料的带辣味的浆和添加桂花带有香味的饮料。

早在周初时，官府就设食医一职。周代时对食疗、食补和食忌的认识已有相当深度，初步总结出一些基本的配餐原则。

到了春秋战国时期，随着饮食文化的发展和烹饪水平的提高，人们对食物的作用有了更为全面的认识，认

■ 春秋战国漆器

识到一些美味佳肴，有时吃了以后并没有好的作用，于是有"肥肉厚酒，勿以自强，命曰烂肠之食"的说法。

春秋时齐国有位神医秦越人，即扁鹊，相传中医诊脉之术是他的首创。扁鹊是一位较早阐明药食关系的人，他认为人生存的根本在于饮食，治病见效快靠的是药。不知饮食之宜的人，不容易保持自己的身体健康，不明药物之忌的人，则无法治好疾病。

成书于战国时期的《黄帝内经·素问》，系统地阐述了一套食补食疗理论，奠定了中医营养医疗学的基础。如《素问·藏气法时论篇》，将食物区别为五谷、五果、五畜、五菜四大类。五谷为黍、稷、稻、麦、菽，五果指桃、李、杏、枣、栗，五畜是牛、羊、犬、豕、鸡，五菜即葵、藿、葱、韭、薤。

这四类食物在饮食生活中的作用及应占的比重，《素问》有十分概括的阐述，即"五谷为养，五果为助，五畜为益，五菜为充"。就是指以五谷为主食，以果、畜、菜作为补充。

在春秋战国时期的大变革中，涌现出许多学派，它们的代表人物著书立说，开展争辩，形成百家争鸣的局面。各个学派几乎都有关于饮食的理论，这些理论直接影响到整个社会生活。其中有代表性的学派主要有墨家、道家和儒家，其学术代表人物分别是墨

■ 扁鹊画像

《黄帝内经》
分《灵枢》《素问》两部分，起源于轩辕黄帝，代代口耳相传，后又经医家、医学理论家联合增补发展创作，约于先秦西汉时期结集成书。在以黄帝、岐伯、雷公对话、问答的形式阐述病机病理的同时，主张不治已病，而治未病，同时主张养生、摄生、益寿、延年。是我国医学宝库中现存成书最早的一部医学典籍。

■孔子画像

子、老子和孔子。

老子是道家学说的创始人，他认为，发达的物质文明没有什么好结果，主张永远保持极低的物质生活水平和文化水平。老子提倡"节寝处，适饮食"的治身养性原则，比起墨家来，更加强调简朴。

孔子的饮食思想同他的政治主张一样著名。他把礼制思想融汇在饮食生活中，其中一些教条法则一直影响着后世。儒家的食教比起道家和墨家的刻苦自制更易为常人接受，尤其易为当政者所用。

春秋战国时期空前发达的农业生产为各诸侯国争雄称霸提供了坚挺的后援，也为后来秦汉帝国的建立奠定了强大的物质基础，同时也为秦汉时期人们的饮食提供了丰富的食品资源，促进饮食文化向精致化的更高层次发展。

美味的饮食

阅读链接

　　春秋战国时的烹饪仍然是重在菜肴的烹制，主食较为简单些，大体上与先秦时期差不多，是以蒸煮为主，即稀饭用煮，干饭用蒸。稀饭根据浓度和材料不同，分为糜、粥、饘、羹等。将米加水煮烂了就是糜，煮得比糜烂更浓稠就是粥，比粥更浓稠的是饘，羹是用粮食和肉或者蔬菜加调料煮制的稀饭。《急就篇》还提到一种"甘豆羹"，颜师古注："甘豆羹，以洮米泔和小豆而煮之也。一曰以小豆为羹，不以醯酢，其味纯甘，故云甘豆羹也。"可能是利用带有碱性的淘米水容易将小豆煮烂成粥，但不加调料，是北方农民的一种主食。

饮食极为丰富的秦汉时期

秦汉时期是我国古代社会饮食业的一个重要发展时期。当时的粮食作物，除以前所有的作物外，还新增加了荞麦、青稞、高粱、糜子等品种。

东汉时期的历史学家班固编撰的《汉书·食货志》记载董仲舒上书汉武帝说："今关中俗不好种麦，是岁失《春秋》之所重，而损生民之具也。"建议汉武帝令大司农"使关中益种宿麦，令毋后时"。其后，轻车都尉、农学家氾胜之又"督三辅种麦，而关中遂穰"。

东汉安帝时也"诏长吏案行在所，皆令种宿麦蔬食，务尽地力，其贫者给种饷"。于是，自汉以后小麦

董仲舒建言汉武帝

■ 刘安与八公壁画

与粟就成为黄河流域地区最主要的粮食作物了。

随着大汉帝国的建立，整个南方都归入版图，稻米在全国粮食中的比重也有所加大。同时也促进了北方水田的发展，因此西汉末期氾胜之记述北方耕作技术的农书《氾胜之书》就辟有专章介绍水稻的种植技术，指出"三月种粳稻，四月种秫稻"的耕种时令。

东汉光武帝建武年间，张堪引水灌溉"狐奴开稻田八千余顷"。由此亦可想见，北方种植水稻的规模已相当可观。在食品制作方面，汉代的豆腐和豆制品生产，已相当普遍。

传说豆腐是淮南王刘安发明的。西汉初年，汉高祖刘邦的孙子刘安，在16岁的时候承袭父亲的封号为淮南王，仍然建都寿春。刘安为人好道，欲求长生不老之术，因此不惜重金，广泛招请江湖方术之士炼丹修身。

相传有一天，自称八公的八个人登门求见淮南王，门吏见是八个白发苍苍的老者，轻视他们不会有什么长生不老之术，不去通报。八公见此哈哈大笑，接着变化成八个角髻青丝，面如桃花的少年。门吏一见大惊，急忙禀告淮南王。

刘安一听，顾不上穿鞋，赤脚相迎。这时八位少年又变回老者。这时刘安恭请他们殿内上座后，刘安拜问他们姓名。原来他们是苏非、李尚、左吴、田由、雷被、毛被、伍被、晋昌八人。

随后八公一一介绍了自己的本领：画地为河、撮土成山、摆布蛟龙、驱使鬼神、来去无踪、千变万化、呼风唤雨、点石成金等。刘安听罢大喜，立刻拜八公为师，一同在都城北门外的山中苦心修炼长生不老的仙丹。

当时淮南一带盛产优质的大豆，这里的山民自古以来就有用山上珍珠泉水磨出的豆浆作为饮料的习惯，刘安也入乡随俗，每天早晨也总爱喝上一碗。

一天，刘安端着一碗豆浆，在炉旁看炼丹出神，竟忘了手中端着的豆浆碗，手一动，豆浆泼到了炉旁供炼丹的一小块石膏上。不多时，那块石膏不见了，液体的豆浆却变成了一摊白生生、嫩嘟嘟的东西。

八公中的修三田大胆地尝了尝，觉得美味可口。可惜太少了，能不能再造出一些让大家来尝尝呢，刘安就让人把他没喝完的豆浆连锅一起端来，把石膏碾碎搅拌到豆浆里，一时，又结出了一锅白生生、嫩嘟嘟的东西。刘安连呼"离奇、离奇"，这就是八公山豆腐的初名。

后来，仙丹炼成，刘安依八公所言，

炼丹 道教主要道术之一。为炼制外丹与内丹的统称。外丹术源于先秦神仙方术，是在丹炉中烧炼矿物以制造"仙丹"。其后将人体拟作炉鼎，用以习炼精、气、神，称为内丹术。

食在中国

饮食历史

■ 茅仙洞刘安雕像

美味的饮食

■ 秦汉时期的饮食器具

登山大祭，埋金地中，白日升天，有的鸡犬舔食了炼丹炉中剩余的丹药，也都跟着升天而去，流传下来了"一人得道，鸡犬升天"的神话，也留下了恩惠后人的八公山豆腐。

在汉代，人们更加重视小家畜的饲养以解决肉食问题。如《汉书·黄霸传》记载，西汉黄霸为河南颍川太守时，"使邮亭乡官皆畜鸡豚，以赡鳏寡贫穷者。"龚遂为河北渤海太守时，命令农民"家二母彘、五鸡"。东汉僮仲为山东某地县令，"率民养一猪，雌鸡四头，以供祭祀。"

尤其是养猪业普遍得到发展，人们已认识到养猪的好处，西汉桓宽《盐铁论·散不足》载："夫一豕之肉，得中年之收"。

此外，在秦汉时期，鸭、鹅与鸡已成为三大家禽。据古代笔记小说集《西京杂记》记载："高帝既作新丰衢巷……放犬羊鸡鸭于通途，亦竟识其家。"

此外，秦汉时期的肉食中还有一突出特点，就是盛行吃狗肉。当时还出现了专门以屠宰狗为职业的屠夫，如战国时期的聂政："家贫，客游以为狗屠，可以旦夕得甘毳以养亲"。荆轲则"爱燕之狗屠及善击筑者高渐离"。

西汉开国将领樊哙在年轻时候就是"以屠狗为事"。这么多人以屠狗为职业，可见当时食狗肉之风的兴盛。

秦汉时期，养鱼业更为发达，西汉史学家司马迁《史记·货殖列传》记载："水居千石鱼陂……亦可比千乘之家。"《史记正义》曰："言陂泽养鱼，一岁收得千石鱼卖也。"可见养鱼规模之大和收入之可观。

不但民间普遍养鱼，连朝廷也在皇宫园池中养鱼，除供祭祀之外，还拿到市场上出售，如《西京杂记》记载汉武帝作昆明池，"于上游戏养鱼。鱼给诸陵庙祭祀，馀付长安市卖之"。

至于南方及沿海地区，水产品更为丰富，"楚越之地，饭稻羹鱼，或火耕而水耨，果隋蠃蛤，不待贾而足。""齐山带海……人民多文采布帛鱼盐。"上谷至辽东"有鱼盐枣栗之饶"。

■汉代捕鱼画像砖

当时的水产品种类很多，西汉黄门令史游作《急就篇》中提到的有鲤、鲋、蟹、鲢、鲐、虾等。鲤鱼是当时食用最普遍的鱼类，因为《急就篇》和汉末刘熙《释名》都将鲤鱼列在首位。因此枚乘《七发》中叙述"天下之至美"时，鱼类中只提到"鲜鲤之鲙"。

与战国时期一样，秦汉也视龟鳖之类为珍味。西汉文学家王褒《僮约》提到的两道待客佳肴便是"脍鱼炰鳖"。桓麟《七说》中则赞美："河鼋之美，齐以兰梅，芬芳甘旨，未咽先滋。"其美味简直让人垂涎三尺了。

汉代开始形成餐后进食水果的习惯，"既食日晏，乃进夫雍州之梨。"同时，还十分讲究水果的食用方式。如魏文帝曹丕《与吴质书》中说："浮甘瓜于清泉，沉朱李于寒冰。"即夏季天气炎热，将水果放在冰凉的清泉水中浸泡使之透凉，吃起来自然清凉爽口。

秦汉时期最盛行的饮料当属酒。许多地方以产酒出名，如广西苍梧的"缥清"，河北中山的"冬酿"，湖南衡阳的"醽醁"，浙江会稽的"稻米清"，湖北光化的"酇白"、宜城的"宜城醪"、野王县的"甘醪酒"，陕西关中的"白簿"等。

在汉代，酒的种类也较先秦为多，除了用粮食为原料的黍酒、稻

美味的饮食

汉代酿酒画像砖

■ 汉武帝宴饮图

酒、秫酒、稗米酒之外，还有以水果为原料的果酒，如葡萄酒、甘蔗酒等。

东汉药物学专著《神农本草经》：蒲萄"生山谷……可作酒。"《后汉书·宦者列传》记载东汉孟佗送张让"蒲桃酒一斗"，张让"即拜佗为凉州刺史"。可见葡萄酒在当时是很珍贵的，孟佗才可以用它来买官。

甘蔗酒在当时也称为"金酒"，《西京杂记》卷四引西汉辞赋家枚乘《柳赋》："爵献金浆之醪。"并解释说："梁人做诸蔗酒，名金浆。"以金来形容酒浆，可见也是一种名贵的酒。

此外还有加入香料的酒，如《楚辞》的"尊桂酒兮椒浆"，"桂酒"应是加入桂花的酒，直到后世，桂花酒依然受到人们的欢迎。

汉代已经讲究酒的色、香、味，并以酒的色、香、味作为特色来命名，如旨酒、香酒、甜酒、甘

《释名》训解词义的书。汉末刘熙作，或说始作于刘珍，完成于熙。是一部从语言声音的角度来推求字义由来的著作，它就音以说明事物得以如此称名的缘由，并注意到当时的语音与古音的异同。《释名》产生后长期无人整理，到明代，郎奎金将它与《尔雅》《小尔雅》《广雅》《埤雅》合刻，称《五雅全书》。因其他四书皆以"雅"名，于是改《释名》为《逸雅》。

张骞（？～公元前114年），字子文，我国汉代卓越的探险家、旅行家与外交家，曾经奉命出使西域，为"丝绸之路"的开辟奠定了基础。他开拓了汉朝通往西域的南北道路，并从西域诸国引进了汗血马、葡萄、苜蓿、石榴、胡麻、芝麻与鸵鸟蛋等等。

醴、黄酒、白酒、金浆醪、缥酒等。

汉末刘熙《释名·释饮食》中沿用《周礼·天官·酒正》的说法，将汉代酒的颜色概括为5种：缇齐、盎齐、汎齐、沈齐、醴齐。

汉代人特别喜欢淡青色的缥酒，如枚乘《柳赋》中有"罇盈缥玉"的描写，曹植《酒赋》则描写为"素蚁浮萍"。而缥酒中最为著名的是广西苍梧地区所产，故有"苍梧缥清"之称。

《汉书·楚元王传》记载楚元王刘交款待不善饮酒的穆生时，特地为其安排醴酒，可见醴酒的酒精度数较低。

与醴酒类似的是醪酒，都是用粮食为原料，酿造时间较短的酒，西汉文帝曾在诏中指出"为酒醪以靡谷者多"，即酿制醪酒要耗费很多粮食。

醪酒中著名的就是甘醪酒、宜城醪等等，曹植《酒赋》说"其味有宜城醪醴"，说明醪醴是同类的

■ 张骞到西域

汉代宴烹图画像砖

甜酒，后世民间饮食的甜酒糟还称为"醪糟"。

汉代张骞到西域，在中西文化交流史上具有划时代的意义。由于从西域传入的物产大都与饮食有关，这种交流对人们的物质文化生活也同样产生了深远的影响。

当时从西域传进的物产中，有鹊纹芝麻、胡麻、无花果、甜瓜、西瓜、石榴、绿豆、黄瓜、大葱、胡萝卜、胡蒜、番红花、胡荽、胡桃、酒杯藤等，这些农作物很快普及到了我国各地。这些瓜果菜蔬，都成了最大众化的副食品。

汉代时对异国异地的物产有特别的嗜好，极求远方珍食，并不只限于西域，四海九州，无所不求。据古代地理书籍《三辅黄图》所记，汉武帝在破南越之后，在长安建起一座扶荔宫，用来栽植从南方所得的奇草异木，其中包括山姜十本、甘蔗十本，龙眼、荔枝、槟榔、橄榄、千岁子、柑橘各百余本。

汉初园圃种植业本来已积累了相当的技术，在引进培育外来作物品种的过程中，又有进一步发展。尤其是温室种植技术的发明，创造了理想的人工物候环境，生产出许多不受季节气候条件限制的蔬果。

汉代烹饪技术的发展带动了饮食文化的进步，汉代先进的烹饪技术给后人留下了宝贵的财富，这一时代人们结束了单一的煮烤食物的

汉代上茶仆人

历史，迈向了多种方法烹饪食物的时代，炸、炒、煎等方法也已在有关书籍中有了一定的记载，烹饪器具和盛器也有了改善。汉代结束了陶烹和铜烹的历史。

汉初食物原料和烹饪技艺的发达，使饮食较之前代大为丰富。《盐铁论·散不足》将汉代和汉以前的饮食生活对比，说过去行乡饮酒礼，老者不过两样好菜，少者连席位都没有，站着吃一酱一肉而已，即使有宾客和结婚的大事，也只是"豆羹白饭，綦脍熟肉"。汉代时民间动不动就大摆酒筵："壳旅重叠，燔炙满案，鱼鳖脍鲤。"

无论是身居高位既贵且富还是普通人们，总觉得美味佳肴具有更大的吸引力。在长沙马王堆一号汉墓中，随葬器物有数千件之多，其中就有许多农畜产品、瓜果、食品等等，大都保存较好。墓中还有记载随葬品名称和数量的竹简312枚，其中一半以上书写的都是食物，主要有肉食馔品、调味品、饮料、主食和副食、果品和粮食等。

汉代肉食类馔品有各种羹、脯、脍、炙。其中羹24鼎，有大羹、白羹、巾羹、逢羹、苦羹5种。

大羹为不调味的淡羹，原料分别为牛、羊、豕、狗、鹿、凫、雉、鸡等。

白羹即用米粉调和的肉羹，或称为"糦"，有牛白羹、鹿肉鲍鱼笋白羹、鹿肉芋白羹、小菽鹿肋白羹、鸡瓠菜白羹、鳍白羹、鲜鰿藕鲍白羹，主料为肉鱼，配有笋、芋、豆、瓠、藕等素菜。

有脯腊5筒，脯、腊均为干肉，有牛脯、鹿脯、胃脯、羊腊、兔腊。有炙8品，炙为烤肉，原料为牛、犬、豕、鹿、牛肋、牛乘、犬肝、鸡。脍4品，原料为牛、羊、鹿、鱼。

肉食类馔品按烹饪方法的不同，可分为17类，70余款。集中体现了西汉时南方地区的烹调水平。与此同时，汉代还发明了大量饮食用具，数量最多制作最精的是漆器，有饮酒用的耳杯、卮、勺、壶、钫，食器有鼎、盒、盂、盘、匕等。

在汉代还有一种饮食习惯叫作"胡食"。在我国古代，不仅把地道的外国人称为胡人，有时将西北邻近的少数民族也称为胡人，或曰狄人，又以戎狄作为泛称。于是胡人的饮食便称为胡食，他们的用器都冠以"胡"字，以与汉器相区别。

胡食不仅指用胡人特有的烹饪方法所制成的美味，有时也指采用原产异域的原料所制成的馔品。尤其是那些具有特别风味的调味品，如胡蒜、胡芹、荜茇、胡麻、胡椒、胡荽等，它们的引进为烹制地道的胡食创造了条件。如还有一种"胡羹"，为羊肉煮的汁，因以葱头、胡荽、安石榴汁调味，故有其名。

具有异域风味的胡食不仅刺激了天子和权贵们的胃口，而且形成了饮食文化的空前交流。使我国饮食文化得以博采众长、兼容并蓄，最终形成了庞大的中华饮食文化体系。

阅读链接

从汉代开始，各民族和地区间开始出现了原料、物产和技艺方面的交流，加速了各地区的技术提高，尤其是"丝绸之路"的出现，给汉朝和亚洲各国提供了交流的平台，加大了物产和文化的交流。通过厨师的辛勤劳动和智慧，汉代的烹饪技术成就较大，给后代提供了宝贵的烹饪财富。另外，汉代在食俗、食礼、酒文化上都有了自己的特色。

魏晋时期的美食家与食俗

我国历史悠久的饮食文化，也催生了无数的美食家。古时称为知味者，指的是那些极善于品尝滋味的人。各个时代都有一些著名的知味者，而最有名的几位却大都集中在魏晋南北朝时代。

西汉淮南王刘安所著《淮南子·镛务训》中有这样一则寓言：楚地的一户人家，杀了一只猴子，烹成肉羹后，去叫来一位极爱吃狗肉的邻居共享。这邻居以为是狗肉，吃起来觉得特别香。吃饱了之后，

■ 宴饮图画像砖

■ 炊厨画像砖

主人才告知吃的是猴子，这邻居一听，顿时胃中翻涌如涛，两手趴在地上吐了个干净。这是一个不知味的典型人物。

易牙名巫，又称作狄牙，因擅长烹饪而为春秋齐桓公饔人。《吕氏春秋·精谕》说："淄渑之合，易牙尝而知之。"淄、渑都是齐国境内的河水，将两条河的水放在一起，易牙一尝就能分辨出哪是淄水，哪是渑水，确有其高超之处。

魏晋南北朝时代，见于史籍的知味者明显多于前朝后代。西晋大臣、著作家荀勖就是很突出的一位。他连拜中书监、侍中、尚书令，受到晋武帝的宠信。

有一次，荀勖应邀去陪武帝吃饭，他对坐在旁边的人说："这饭是劳薪所炊成。"人们都不相信，武帝马上派人去问了膳夫，膳夫说做饭时烧了一个破车轮子，果然是劳薪。

前秦自称大秦天王的苻坚有一个侄子叫苻朗，字元达，被苻坚称之为千里驹。苻朗降晋后，官拜员外散骑侍郎。他要算是知味者中的佼佼者了，他甚至能

员外散骑侍郎

员外郎为古代官名，员外为定员外增置之意，原指设于正额以外的郎官。三国魏末始置员外散骑常侍，晋以后所称之员外郎指员外散骑侍郎，为皇帝近侍官之一。南北朝时，又有殿中员外将军、员外司马督等，都在官名上加"员外"。

美
味
的
饮
食

顾恺之（约345
年～409年），字
长康，小字虎头，
博学有才气，工诗
赋、书法，尤善绘
画。精于人像、佛
像、禽兽、山水等。
顾恺之作画，意在
传神，其"迁想妙
得""以形写神"等
论点，为我国传统
绘画艺术的发展奠
定了基础。

说出所吃的肉是长在牲体的哪一个部位。

东晋皇族、会稽王司马道子有一次设盛宴招待苻朗，几乎把江南的美味都拿出来了。散宴之后，司马道子问道："关中有什么美味可与江南相比？"

苻朗答道："这筵席上的菜肴味道不错，只是盐的味道稍生。"后来一问膳夫，果真如此。

后来有人杀鸡做熟了给苻朗吃，苻朗一看，说这鸡是散养而不是笼养的，经过询问，事实正是如此。

传说苻朗有一次吃鹅，指点着说哪一块肉上长的是白毛，哪一块肉上长的是黑毛，人们不信。有人专门宰了一只鹅，将毛色异同部位仔细作了记录，苻朗后来说的竟毫厘不差。人们称赞他果然是一位罕见的美食家，非有长久经验积累不可能达到这样的境界。

能辨出盐的生熟的人，还有魏国侍中刘子扬，他"食饼知盐生"，时人称为"精味之至"。

东晋著名画家顾恺之，世称其才、画、痴为"三绝"。他吃甘蔗与常人的办法不同，是从不大甜的梢头吃起，渐至根部，越吃越甜，并且说这叫作"渐入佳境"。也是一位深得食味的人。

从两晋时起，我国饮食开始转变风气，与当时文人之风有关系，过去的美食均以肥腻为上，从此转而讲究清淡之美，确实又进入了另一番佳境。我国美食由肥腻到清淡的转变可以"莼羹鲈脍"为标志。

西晋有个文学家张翰，字季鹰，为江南吴人。晋初大封同姓子弟为王，司马昭之孙司马冏袭封齐王。"八王之乱"中，齐王迎惠帝复位有功，拜为大司马，执掌朝政大权。张翰当时就在大司马府中任车曹掾。

但是，张翰心知司马冏必定败亡，故作纵任不拘之性，成日饮酒。时人将他与阮籍相比，称作"江东步兵"。

秋风一起，张翰想起了家乡吴中的菰菜莼羹鲈鱼脍，说是人生一世贵在适意，何苦这样迢迢千里追求官位名爵呢？于是卷起行囊，弃官而归。司马冏终被讨杀，张翰因之幸免于乱。

唐代白居易诗曰"秋风一箸鲈鱼脍，张翰摇头唤不回"，南宋辛弃疾《水龙吟·登健康赏心亭》"休说鲈鱼堪脍，尽西风，季鹰归未"，吟咏的都是此事。

■ 鲈鱼脍

■ 莼菜汤

　　张翰尽管思乡味是名，避杀身之祸是实，但这莼羹鲈脍也确为吴中美味。据《本草》所说，莼鲈同羹可以下气止呕，后人以此推断张翰在当时意气抑郁，随事呕逆，故有莼鲈之思。

　　莼又名水葵，为水生草本，叶浮水上，嫩叶可为羹。鲈鱼为长江下游近海之鱼，河流海口常可捕到，肉味鲜美。《齐民要术》有脍鱼莼羹之法，言四月莼生茎而未展叶，称为"雉尾莼"，第一肥美。鱼、莼均下冷水中，另煮豉汁作琥珀色，用调羹味。

　　莼羹鲈脍作为江南佳肴，并不只受到张翰一人的称道，同是吴郡人的陆机也与张翰有相同的爱好。陆机也曾供职于司马氏集团，有人问他江南什么食物可与北方羊酪媲美，他立即回答有"千里莼羹"。

　　莼只不过是一种极平常的水生野蔬，之所以受到晋人的如此偏爱，就是因为它的清、淡、鲜、脆，超出所有菜蔬之上。由此确实可以看出晋代所开始的一种饮食上的新追求，它很快形成一种新的观念，受到后世的广泛重视。

　　魏晋南北朝时期，我国饮食文化发展的一个重要标志是出现了一批关于饮食的专著，据史书记载，有《崔氏食经》《食经》《食馔次第法》《四时御食经》《马琬食经》《羹腔法》等，与先秦时期只有一篇《本味》相比，有了明显的进步。

当时烹饪技法的著作当推贾思勰的《齐民要术》。《齐民要术》讲解了种植、养殖的经验，也以相当大的篇幅讨论食品制作和烹饪技法，在我国食文化的历史上具有极为重要的地位。

我国自古即重视年节，最重为春节。春节古称元旦，又称元日，所谓"三元之日"，即岁之元、时之元、月之元。西汉时确定正月为岁首，正月初一为新年，新年前一日是大年三十，即除夕，这旧年的最后一天，人们要通宵守岁，成了与新年相关的一个十分重要的日子。

《荆楚岁时记》说，在除夕之后，家家户户备办

《四时御食经》又称《四时御食制》《魏武四时食制》或《四时食制》，是魏武帝曹操所撰。说明曹操在烹饪方面做过专门的研究，撰写过专门的著作。但大多散佚，后世可以看到的辑录自《太平御览》等文献的《四时食制》，都是讲鱼的产地和食用方法的。

■ 古籍《齐民要术》

魏晋时期烹饪画像砖

美味的饮食

美味肴馔，全家在一起开怀畅饮，迎接新年到来。还要留出一些守岁吃的年饭，待到新年正月十二日，撒到街旁路边，有送旧纳新之意。大年初一要饮椒柏酒、桃汤水和屠苏酒，下五辛菜，每人要吃一个鸡蛋。

饮酒时的顺序与平日不同，要从年龄小的开始，而平日则是老者长者先饮第一杯。

新年所用的这几种特别饮食，并不是为了品味，主要是为祛病驱邪。古时以椒、柏为仙药，以为吃了令人身轻耐老。魏人成公绥所作《椒华铭》说"肇惟岁首，月正元日。厥味惟珍，蠲除百疾"。

阅读链接

中华民族古老的节日及其饮食，作为民族传统几乎都流传了下来。尽管不少节日的形成都经历了长久的岁月，在南北朝时这些节日形成了比较完善的体系，而且本来一些带有强烈地方色彩的节日也被其他地区所接受，南北的界限渐渐消失。如本出北方的寒食和南方的端午，风俗波及南北，成为全国性的节日。后来一些节日饮食虽有所变化，但整体格局却并没有多大改变。节令食风，是华夏民族一份十分丰厚的文化遗产，这个传统一定还会弘扬光大。

兼收并蓄的唐代饮食风俗

我国南北朝分裂的局面，直到隋唐时得到大统一，历史又进入到一个最辉煌的发展时期。政局比较稳定，经济空前繁荣，人民安居乐业，饮食文化也随之发展到新的高度。

盛世为人们带来了无穷欢乐，唐代伟大诗人李白在诗《行路难》中所说的"金樽清酒斗十千，玉盘珍馐直万钱"，正是当时人们生活的写照。

从魏晋时代开始，官吏升迁，要办高水平的喜庆家宴，接待前来庆贺的客人。到唐代时，

■李白登高饮酒

■ 唐代宴饮图

继承了这个传统，大臣初拜官或者士子登第，也要设宴请客，还要向天子献食。唐代对这种宴席还有个奇妙的称谓，叫作"烧尾宴"，或直曰"烧尾"。这比起前代的同类宴会来，显得更为热烈。

烧尾宴的得名，其说不一。有人说，这是出自鱼跃龙门的典故。传说黄河鲤鱼跳龙门，跳过去的鱼即有云雨随之，天火自后烧其尾，从而转化为龙。功成名就则如鲤鱼烧尾，所以摆出烧尾宴庆贺。

不过，据唐人封演所著《封氏闻见录》里专论"烧尾"一节看来，其意别有所云。封演说道：

> 士子初登、荣进及迁除，朋僚慰贺，必盛置酒馔音乐，以展欢宴，谓之"烧尾"。说者谓虎变为人，惟尾不化，须为焚除，乃得为成人。故以初蒙拜受，如虎得为人，本尾犹在，气体既合，方为焚之，故云"烧尾"。一云：新羊入群，乃为诸羊所触，不相亲附，火烧其尾则定。唐太宗贞观中，太宗尝问朱子奢烧尾事，子奢以烧羊事对之。唐中宗李显时，兵部尚书韦嗣立新人三品，户部侍郎赵彦昭加官进爵，吏部侍郎崔浞复旧官，上命烧尾，令于兴庆池设食。

这样，烧尾就有了烧鱼尾、虎尾、羊尾三说。而热心于烧尾的太

美味的饮食

宗皇帝，也委实不知这"烧尾"的来由。一般的大臣只当是给皇上送礼谢恩，谁还去管它是烧羊尾、虎尾或是鱼尾呢。

烧尾宴的形式不止一种，除了喜庆家宴，还有皇帝赐的御宴，另外还有专给皇帝献的烧尾食。宋代陶谷所撰《清异录》中说，唐中宗时，韦巨源拜尚书令，照例要上烧尾食，他上奉中宗食物的清单保存在家传的旧书中，这就是著名的《烧尾宴食单》。

《烧尾宴食单》所列名目繁多，《清异录》仅摘录了其中的一些"奇异者"，即达五十八款之多，如果加上平常的，就不下百种。

从这五十八款馔品的名称，一则可见烧尾食之丰盛，二则可见中唐时烹饪所达到的水平，保存如此丰富完整的有关唐代的饮食史料，除此还不多见。

■ 唐代宴饮图

唐人举行比较重大的筵宴，都十分注重节令和环境气氛。有时本来是一些传统的节令活动，往往加进一些新的内容，显得更加清新活泼，盛唐时的"曲江宴"，就是极好的例子。

我国古时采用的科举考试的办法选拔官吏是从隋代开始的，唐代进一步完善了这个制度。每年进士科发榜，正值樱桃初熟，庆贺

■《野宴图》

美味的饮食

曲江宴 又名曲江会。唐代新科进士正式放榜之日恰好就在上巳之前，上巳为唐代三大节日之一，这种游宴，皇帝亲自参加，与宴者也经皇帝"钦点"。宴席间，皇帝、王公大臣及与宴者一边观赏曲江边的天光水色，一边品尝宫廷御宴美味佳肴。曲江游宴种类繁多，情趣各异。

新进士的宴席便有了"樱桃宴"的雅号。

宴会上除了诸多美味之外，还有一种最有特点的时令风味食品就是樱桃。由于樱桃并未完全成熟，味道不佳，所以还得渍以糖酪，食用时赴宴者一人一小盅，极有趣味。

这种樱桃宴并不仅限于庆贺新科进士，在都城长安的官府乃至民间，在这气候宜人的暮春时节，也都纷纷设宴，馔品中除了糖酪樱桃外，还有刚刚上市的新竹笋，所以这筵宴又称作"樱笋厨"。这筵宴一般在农历三月初三前后举行，是自古以来上巳节的进一步发展。

皇帝为新进士们举行的樱桃宴，地点一般是在长安东南的曲江池畔。曲江池最早为汉武帝时凿成，唐时又有扩大，周回广达十余里。池周遍植柳树等树木花卉，池面上泛着美丽的彩舟。池西为慈恩寺和杏园，杏园为皇帝经常宴赏群臣的所在。池南建有紫云楼和彩霞亭，都是皇帝和贵妃们经常登临的场所。

长安唐代韦氏家族墓壁画中《野宴图》，描绘的大概是曲江宴的一幕场景，图中画着9个男子，围坐在一张大方案旁边，案上摆满了肴馔和餐具。人们一边畅饮，一边谈笑，生动地反映了当时的饮食文化。

唐代大诗人杜甫的《丽人行》云："三月三日天

气新，长安水边多丽人。……紫驼之峰出翠釜，水精之盘行素鳞。犀箸厌饫久未下，鸾刀缕切空纷纶。黄门飞鞚不动尘，御厨络绎送八珍。"说的是大臣杨国忠与虢国夫人等享用紫驼素鳞等华贵菜肴的场面。

许多饮食习俗的形成以及相应食品的发明，与季节冷暖有极大的关系，如北宋陶谷《清异录》所载的"清风饭"即是。北宋宫中御厨开始造清风饭，只在大暑天才造，供皇帝和后妃作冷食。造法是用水晶饭（即糯米饭）、龙睛粉、龙脑末（即冰片）、牛酪浆调和，放入金提缸，垂下冰池之中，待其冷透才取出食用。

夏有清风饭，冬则有所谓"暖寒会"。五代王仁裕《开元天宝遗事》说有个巨豪王元宝，每到冬天大雪纷飞之际，便吩咐仆夫把本家坊巷口的雪扫干净，他自己则亲立坊巷前，迎揖宾客到家中，准备烫酒烤肉款待，称为暖寒之会。

■ 古画宴饮图

人日 亦称"人胜节""人庆节""人口日""人七日"等，在农历正月初七。传说女娲初创世，在造出了鸡狗猪羊牛马等动物后，于第七天造出了人，所以这一天是人类的生日。汉朝开始有人日节俗，魏晋后开始重视。

把饮食寓于娱乐之中，本是先秦及汉代以来的传统，到了唐代，则又完全没有了前朝那些礼仪规范的束缚，进入了一种更加放达的自由发展阶段。包括一些传统的年节在内，又融进了不少新的游乐内容。

比如宫中过端午节，将粉团和粽子放在金盘中，用纤小可爱的小弓架箭射这粉团粽子，射中者方可得食。因为粉团滑腻而不易射中，所以没有一点本事也是不大容易一饱口福的。不仅宫中是这样，整个都城也都盛行这种游戏。

每逢年节，一些市肆食店，也争相推出许多节日食品，以招徕顾客。

《清异录》记载，唐长安皇宫正门外的大街上，有一个很有名气的饮食店，京人呼为"张手美家"。这家店的老板不仅可以按顾客的要求供应所需的水陆珍味，而且每至节令还专卖一种传统食品，结果京城很多食客被吸引到他的店里。

■《韩熙载夜宴图》（局部）

张手美家经营的节令食品有些继承了前朝已有的传统，如人日即古代节日的六一菜、寒食的冬凌粥，新的食品则有上元的油饭、伏日的绿荷包子、中秋的玩月羹、重阳的米糕、腊日的萱草面等等。

这些食品原本主要由家庭内制作，食店开始经营后，使社会交际活动又多了一条途径，那些主要以家庭为范围的节令活动扩大为一种社会化的活动。

唐代起野宴深入民间，甚至出现了仕女们的"探春宴"，即仕女们在立春至谷雨间自做东道主，晨起到郊外，先踏青，再设帐，围绕着"春"字行令品酒、猜谜讲古，作诗联句，日暮方归。

还有一种"裙幄宴"，即青年妇女到曲江游园时，以草地为席，周围插上竹竿，将裙子挂成临时幕帐进行饮宴。在唐代人看来，饮食并不只为口腹之欲，并不单求吃饱吃好为原则，他们因此而在吃法上变换出许多花样来，更注重其文化内涵。

著名诗人白居易，曾任杭州苏州刺史，大约在此期间，他举行过一次别开生面的船宴。他的宅院内有一大池塘，水满可泛船。他命人做成100多个油布袋子，装好酒菜，漂在水中，系在船的周围随船而行。开宴后，吃完一种菜，又随意从水中捞上另一种菜，宾客们被弄得莫名其妙，不知菜酒从何而来。

这时的烹饪水平也为适应人们的各种情趣提高了档次，大型冷拼盘开始出现了。《清异录》载：唐代有个庖术精巧的梵正，是个比丘尼，她以鲊、鲈脍、

■《桃李园夜宴图》局部

《清异录》我国古代一部重要笔记，保存了我国文化史和社会史方面的很多重要史料，它借鉴类书的形式，分为天文、地理、君道、官志、人事、酒浆、馔羞、薰燎、丧葬等共37门。

美味的饮食

■ 夜宴图

《辋川图》 辋
川为地名，在西
安东南的蓝田县
境内，因谷水汇
合如车辋之形，
故有此名。辋川
是唐代著名的诗
人宋之问和著名
的山水诗人兼画
家王维的别墅所
在地。

肉脯、盐酱瓜蔬为原料，"黄赤杂色，斗成景物，若
坐及二十人，则人装一景，合成'辋川图'小样"。
这空前绝后的特大型花色拼盘，美得让人只顾观赏，
不忍食用。

梵正按王维所作《辋川图》一画中二十景做成的
风景拼盘，是唐代烹饪史上的创举。

在唐代时，并不是所有官僚富豪们全都如此奢
侈，也并不是每一种筵席都极求丰盛。宪宗李纯时的
宰相郑余庆，就是一个不同凡流的清俭大臣。

有一天，郑余庆忽然邀请亲朋官员数人到家里聚
会，这是过去不曾有过的事，大家感到十分惊讶。这
一日大家天不亮就急切切赶到郑家，可到日头升得老
高时，郑余庆才出来同客人闲谈。

过了很久，郑余庆才吩咐厨师"烂蒸去毛，莫拗

折项"，客人们听到这话，要去毛，别弄断了脖子，以为必定是蒸鹅鸭之类。

不一会儿，仆人们摆好桌案，倒好酱醋，众人就餐时才大吃一惊，每人面前只不过是粟米饭一碗，蒸葫芦一枚。郑余庆自己美美地吃了一顿，其他人勉强才吃了一点点。

唐代国家统一、交通发达，陆路和海上丝绸之路比较畅通。当时推行比较宽松的政策，国内各民族交往密切，互通有无，中外经济交往频繁，使唐朝经济空前的繁荣，也奠定了中华民族传统饮食生活模式的基础。

唐代也是我国传统饮食方式逐渐发生变化的时期。到了东汉以后，胡床从西域传入中原地区，它作为一种坐具，渐被普遍使用。由于坐胡床必须两脚垂地，这对传统席地跪坐的传统进食方式产生了根本性的改变。

胡床 亦称"交床""交椅""绳床"，是古时一种可以折叠的轻便坐具，后俗称马扎，马扎功能类似小板凳，但人所坐的面非木板，而是可卷折的布或类似物，两边腿可合起来，不仅可在室内使用，外出时还便于携带。

■ 桃李园图

唐太宗时，中亚的康国献来金桃银桃，植育在皇家苑囿。东亚的泥婆罗国遣使带来菠绫菜、浑提葱，后来也都广为种植。

在长安有流寓国外王侯与贵族近万家，还有在唐王朝供职的诸多外国官员，各国还派有许多留学生到长安来，专门研习中国文化，长安作为全国的宗教中心，吸引了许多外国的学问僧和求法僧来传经取宝。

此外，长安城内还会集有大批外国乐舞人和画师，他们把各国的艺术带到了我国。长安城中还留居着大批西域各国的商人，以大食和波斯商人最多，有时达数千之众。

一时间，长安及洛阳等地，人们的衣食住行都崇尚西域风气。正如诗人元稹《法曲》所云："自从胡骑起烟尘，毛毳腥膻满咸洛。女为胡妇学胡妆，伎进胡音务胡乐。"外国文化使者们带来的各国饮食文化，如一股股清流汇进了大中华的汪洋，使华夏悠久的文明溅起了前所未有的波澜。

在长安西市饮食店中，有不少是外商开的酒店，唐人称它们为"酒家胡"。唐代文学家王绩待诏门下省时，每日饮酒一斗，时称

■ 唐代乐舞

"斗酒学士"，他所作诗中有一首《过酒家》云："有客须教饮，无钱可别沽。来时长道赊，惭愧酒家胡。"写的便是闲饮胡人酒家的事。

盛唐酒八仙

唐代的饮食文化还体现出宗教化、养生化和艺术化。在唐代，儒、道、释三教并行，各种文化相互争鸣，共同发展，极富活力。

唐代经济繁盛，文化活跃，全国各地相互交流密切。饮食文化也获得了大交融、大发展。尽管胡汉民族在饮食原料的使用上都在互相融合，但在制作方法上还是照顾到了本民族的饮食特点。这种吸收与改造极大地影响了唐代及其后世的饮食生活，使之在继承发展的基础上最终形成了包罗众多民族特点的中华饮食文化体系。

阅读链接

唐代饮食文化的魅力正是唐代社会开放的结果。是畅通的中外文化交流、宗教信仰自由的开明政策、无忧无虑的生活环境所造成的。宽松的文化发展环境带给人类的绝不仅仅是广阔的思维空间，而且包括自信心、想象力和思维灵感，以及海纳百川、兼容并蓄的博大胸怀。这也是唐朝饮食文化无穷魅力的所在。

雅俗共赏的宋代饮食文化

自五代开始，梁、晋、汉、周，皆定都于汴京，就是今开封，公元960年，宋太祖赵匡胤发动陈桥兵变建立宋王朝，都城依然定在开封，或称为东京汴梁。

连续几个朝代的建都，给汴梁带来很大发展。汴梁比起汉唐的长

宋代东京模型图

安，民户增加10倍，成为历史上规模空前的大都会。

在宋代以前，一般都会的商业活动都有规定的范围，这就是集中的商业市场，宋都汴梁则完全打破了这种传统的格局，城内城外店铺林立，并不设特定的贸易商市。在众多的店铺中，酒楼饭馆占很大比重，饮食业的兴旺，成为经济繁荣的一个象征。

汴梁御街上的州桥，是市民和远方商贾必得一游的著名景点，附近一带有十几家酒楼饭馆，如有"张家酒店""王楼山洞梅花包子"等。此外，还有不少沿街叫卖的食摊小贩，十分热闹。

汴梁城内的商业活动不分昼夜，没有时间限制，晚间有直到三更的夜市，热闹之处，则通宵不绝。夜市营业的主要是饮食店，经营品种众多，有饭、肉鱼、野味、蔬果等，无所不包。

夜市注重季节的变化，供应时令饮食品，如夏季多清凉饮料、果品，有甘草冰雪凉水、荔枝膏、越梅、香糖果子、金丝尝梅、生腌水木瓜等。冬季则有盘兔、滴酥水晶脍、旋炙猪皮肉、野鸭肉等。

酒食店还继承了唐代创下的成例，每逢节令，都要推出许多传统风味食品，如清明节有稠饧、麦糕、乳酪、乳饼。农历四月初八佛诞

美味的饮食

■《清明上河图》
（局部）

《清明上河图》
宋代杰出画家张择端所绘，5米多长的画幅，十分细致生动地展示了以虹桥为中心的汴河及两岸车船运输和手工业、商业、贸易等方面紧张忙碌的活动，纵横交错的街道，鳞次栉比的店铺，熙熙攘攘的人流，交汇成一派热闹繁华的景象。

节卖煮酒，端午节有香糖、果子和粽子，中秋则卖新酒、螯蟹等。在著名的杨楼、樊楼、八仙楼等酒店，饮客常至千余人，不分昼夜，不论寒暑，总是如此。

酒店之外，汴梁的饮食店还有不卖酒的食店、饭店、羹店、馄饨店、饼店等。食店经营品种有头羹、石髓羹、白肉、胡饼、桐皮面、寄炉面饭等。还有所谓"川饭店"，经营插肉面、大燠面、生熟烧饭等。其他有"南食店"，经营南方风味，有鱼兜子、煎鱼饭等。

羹店经营的主要是肉丝面之类快餐，客人落座后，店员手持纸笔，遍问各位，来客口味不一，或熟或冷，或温或整，一一记下，报与掌厨者。不大一会儿，店员左手端着三碗，右臂从手至肩也驮叠数碗，顺序送到客人桌前。

宋代杰出画家张择端所绘《清明上河图》，是反

映汴梁市民生活和商业活动的鸿篇巨制。汴梁人的饮食生活，是《清明上河图》描绘的重点之一，图中表现的店铺数量最多的是饮食店和酒店，可以看到店里有独酌者，也有对饮者，也有忙碌着的店主。充分反映了宋代的饮食风俗。

经济的发展，使宋代食品业有了很大的进步。宋代饮食颇具特色，与前代相比，宋代百姓的饮食结构有了较大的变化，素食成分增多，素食的工艺成分更加明显，式样也更多了。

我国作为传统农业大国，五谷一直在饮食中占据主要地位。宋代尚无玉米、白薯之类作物，北方人的粮食以粟麦为主，南方人的粮食则以稻米为主。

在宋代，饼作为一种主食，是百姓餐桌上不可缺少的一部分。宋代凡是用面粉做成的食品，都可叫饼。烤制而成的叫烧饼，水瀹而成的称为汤饼，在笼中蒸成的馒头叫蒸饼。

宋仁宗名赵祯，为了避皇帝名讳，人们又将蒸饼读成炊饼，亦名笼饼，类似后世馒头。《水浒传》中的武大郎在街头叫卖时所喊的

■ 宋代集市壁画

"炊饼"，指的就是馒头。

烧饼又称胡饼，开封的胡饼店出售的烧饼有门油、菊花、宽焦、侧厚、髓饼、满麻等品种，油饼店则出售蒸饼、糖饼、装合、引盘等品种，食店和夜市还出售白肉胡饼、猪胰胡饼和菜饼之类。

馓子又名环饼，宋代文学家苏轼诗称"碧油煎出嫩黄深"，说明是油炸面食。另有"酥蜜裹食，天下无比，入口便化"，也是用米粉或面粉制成。

宋人面食中还有带馅的包子、馄饨之类，如有王楼梅花包子、曹婆婆肉饼、灌浆馒头、薄皮春茧包子、虾肉包子、肉油饼、糖肉馒头、太学馒头等名目。民族英雄岳飞之孙岳珂《馒头》诗说："公子彭生红缕肉，将军铁杖白莲肤。"就是指那种带馅的包子。

宋真宗得子喜甚，"宫中出包子以赐臣下，其中皆金珠也"，这是以"包子"一词寓吉祥之意。

宋代饼业兴盛，竞争自然也激烈。为了在竞争中

取胜，卖饼者想出了各种方法。东京的卖饼者，就在街头使用五花八门的叫卖声，以招徕顾客。

■ 宋代供品

传说，当时一位卖环饼的小贩，为别出心裁，在街头兜售时竟喊出"吃亏的便是我呀"。

后来，这位小贩在皇后居住的瑶华宫前这样叫卖，引起开封府衙役的怀疑，将其抓捕审讯。审后才得知他只是为了推销自己的环饼，便将他打了100棍放了出来。

此后，这位小贩便改口喊"待我放下歇一歇吧"。他的故事成为当时东京的一桩笑料，但生意反而较以前好了。

宋代面食兴旺。北宋的郑文宝，书法与诗文皆在当时负有盛名，他创制的云英面，极受时人欢迎。宋代南北主食的差别相当明显，但由于北宋每年漕运六七百万石稻米至开封等地，故部分北方人，特别是官吏和军人也以稻米做主食。

郑文宝（953年~1013年），字仲贤，一字伯玉，太平兴国年间进士，师事徐铉，仕南唐为校书郎，历官陕西转运使、兵部员外郎。善篆书，工琴，以诗名世，风格清丽柔婉，所作多警句，为欧阳修、司马光所称赏。

美味的饮食

■ 宋代小吃店主招呼客人蜡像

欧阳修（1007年～1072年），字永叔，号醉翁、六一居士。北宋卓越的文学家、史学家、政治家。官至翰林学士、枢密副使、参知政事，谥号文忠，世称欧阳文忠公。后人又将其与韩愈、柳宗元和苏轼合称"千古文章四大家"。与韩愈、柳宗元、苏轼、苏洵、苏辙、王安石、曾巩被世人称为"唐宋八大家"。

宋人的肉食中，北方比较突出的是羊肉。北宋时，皇宫"御厨止用羊肉"。陕西冯翊县出产的羊肉，时称"膏嫩第一"。

大致在宋仁宗、宋英宗时期，宋朝又从"河北榷场买契丹羊数万"。宋神宗时，一年御厨支出为"羊肉四十三万四千四百六十三斤四两，常支羊羔儿一十九口，猪肉四千一百三十一斤"，可见猪肉的比例很小。

宋哲宗时，高太后听政，"御厨进羊乳房及羔儿肉，下旨不得以羊羔为膳"，说明羊羔肉尤为珍贵。即使到南宋孝宗时，皇后"中宫内膳，日供一羊"。有人写打油诗说："平江九百一斤羊，俸薄如何敢买尝。只把鱼虾充两膳，肚皮今作小池塘。"

随着南北经济交往的日益密切，京都开封的肉食结构也逐渐发生变化。大文豪欧阳修诗说，在宋统一中原以前，"于时北州人，饮食陋莫加，鸡豚为异味，贵贱无等差"。自"天下为一家"后，"南产错交广，西珍富邛巴，水载每连轴，陆输动盈车。"

尽管如此，苏轼诗中仍有"十年京国厌肥"之句，说明在社会上层中，肉食仍以羊肉为主。

仅次于羊肉的是猪肉。开封城外"民间所宰猪"，往往从南薰门入城，当地"杀猪羊作坊，每人担猪羊及车子上市，动辄百数"。临安"城内外，肉铺不知其几""各铺日卖数十边"，以供应饮食店和摊贩。可见这两大城市的猪肉消费量之大。

在宋代农业社会中，牛是重要的生产力。官府屡次下令，禁止宰杀耕牛。宋真宗时，西北"渭州、镇戎军向来收获蕃牛，以备犒设"，皇帝特诏"自今并转送内地，以给农耕，宴犒则用羊豕"。官府的禁令，又使牛肉成为肉中之珍。

苏轼（1037年～1101年），字子瞻，号东坡居士，宋代重要的文学家，宋代文学最高成就的代表。其文纵横恣肆，为"唐宋八大家"之一，与欧阳修并称"欧苏"。其诗题材广阔，清新豪健，善用夸张比喻，独具风格，与黄庭坚并称"苏黄"。词开豪放一派，与辛弃疾并称"苏辛"。又工书画。

■ 苏东坡烧肉犒劳湖工

《文会图》

鸡、鸭、鹅等家禽，还有兔肉、野味之类，也在宋代的肉食中占有一定比例。在当时，江河湖海中的水产品是取之不尽、用之不竭的。开封市场饮食店出售的菜肴有新法鹌子羹、虾蕈羹、鹅鸭签、鸡签、炒兔、葱泼兔、煎鹌子、炒蛤蜊、炒蟹、洗手蟹、姜虾、酒蟹等。开封的新郑门、西水门和万胜门，每天"生鱼有数千担入门……谓之车鱼，每斤不上一百文"。

苏轼描写海南岛的饮食诗写道，"粤女市无常，所至辄成区，一日三四迁，处处售虾鱼"。南方的水产无疑比北方更加丰富和便宜。

宋代对肉类和水产的各种腌、腊、糟等加工也有相当发展。梅尧臣的《糟淮鲂》诗说："空潭多鲂鱼。网登肥且美，糟渍奉庖厨。"临安有不少"下饭鱼肉鲞腊等铺"，如石榴园倪家铺。市上出售的有胡羊、兔、糟猪头、腊肉、鹅、玉板、黄雀、银鱼、鲞鱼等。

大将张俊赋闲后，宋高宗亲至张府，张俊进奉的御筵中专有"脯腊一行"，包括虾腊、肉腊、奶房、酒醋肉等11品。

在广南一带，"以鱼为腊，有十年不坏者。其法以及盐、面杂渍，盛之以瓮。瓮口周为水池，覆之以碗，封之以水，水耗则续，如是故不透风"。成为腌渍鱼的有效方法。

东京名商号东华门何吴二家的鱼，是用外地运来的活鱼加工而成的。由于是切成十数小片为一把出售，故又称"把"。由于它是风干后才入的料，所以味道鲜美，易于保存，成为当时一道名菜，以至时人有"谁人不识把"的说法。

"洗手蟹"也在宋代市民中风靡一时。在东京的市面上，洗手蟹非常受欢迎。将蟹拆开，调以盐梅、椒橙，然后洗手再吃，所以叫洗手蟹。

宋时果品的数量、质量和品种都相当丰富。洛阳的桃有冬桃、蟠桃、胭脂桃等30种，杏有金杏、银杏、水杏等16种，梨有水梨、红梨、雨梨等27种，李有御李、操李、麝香李等27种，樱桃有紫樱桃、腊樱桃等11种，石榴有千叶石榴、粉红石榴等9种，林檎有蜜林檎、花红林檎等6种。

宋时的果品也有各种加工技术。如有荔枝、龙眼、香莲、梨肉、枣圈、林檎旋之类干果，蜜冬瓜鱼儿、雕花金橘、雕花杬子之类"雕花蜜饯"，香药木瓜、砌香樱桃、砌香葡萄之类"砌香咸酸"，荔枝甘露饼、珑缠桃条、酥胡桃、缠梨肉之类"珑缠果子"。

宋代书法家蔡襄的《荔枝谱》中，介绍荔枝的3种加工技术。一是红盐，"以盐梅卤浸佛桑花为红浆，投荔枝渍之。曝干，色红而甘酸，三四年不虫""然绝无正味"。二是白晒，用"烈日干之，以核坚为止，畜之瓮中，密封百日，谓之出汗"。

■ 宋代七味羹

三是蜜煎，"剥生荔枝，榨出其浆，然后蜜煮之"。

茶和酒是宋时最重要的饮料。宋人的制茶分散茶和片茶两种，按宋人的说法："今采茶者得芽，即蒸熟焙干。"焙干后，即成散茶。片茶又称饼茶或团茶。其方法是将蒸熟的茶叶榨去茶汁，然后将茶碾磨成粉末，放入茶模内，压制成形。

"唐未有碾磨，止用臼"，宋时方大量推广碾磨制茶的技术。片茶中品位最高的是福建路的建州和南剑州所产，"既蒸而研，编竹为格，置焙室中，最为精洁，他处不能造。有龙、凤、石乳、白乳之类十二等，以充岁贡及邦国之用"。

在江南西路和荆湖南、北路的一些府、州、军，出产的片茶"有仙芝、玉津、先春、绿芽之类二十六等"。散茶出产于淮南、江南、荆湖等路，有龙溪、雨前、雨后等名品。

蔡襄《茶录》说："茶有真香，而入贡者微以龙脑和膏，欲助其香。建安民间皆不入香，恐夺其真。若烹点之际，又杂珍果香草，其夺益甚。"这反映北宋时已出现花茶。

南宋时的花茶更加普遍。南宋赵希鹄说："木樨、茉莉、玫瑰、蔷薇、兰蕙、橘花、栀子、木香、梅

■ 进茶图

路 我国的路、府始于宋代。路为宋元时代行政区域名，宋代的路相当于明清的省，元代的路相当于明清的府。唐中叶后，道实际上已名存实亡，到了宋朝，最高行政区划是"路"，路略似唐之道，是仿唐代的道制而置。

花皆可作茶。"

宋人饮茶，仍沿用唐人煎煮的方式，北宋刘挚诗说，"双龙碾圆饼，一枪磨新芽。石鼎沸蟹眼，玉瓯浮乳花" "欢然展北焙，小鼎亲煎烹"。描写了煎煮御茶的情景。

宋人喝茶蜡像

宋代烹点茶技艺的一些主要形式：煎茶、烹茶、煮茶、瀹茶、泼茶、试茶、均茶、点茶、斗茶、分茶等。

由于宋代饮茶风气更盛，于是茶成了人们日常生活不可或缺的东西。吴自牧《梦粱录》说："人家每日不可阙者，柴、米、油、盐、酱、醋、茶。"这说的是南宋临安的情形，也就是后来俗语所说的"开门七件事"。

宋人酒中有趣，茶中也有趣。士大夫们以品茶为乐，比试茶品的高下，称为斗茶。宋人唐庚有一篇《斗茶记》，记几个相知一道品茶，以为乐事。各人带来自家茶，在一起一比高低。大家从容谈笑，"汲泉煮茗，取一时之适"。

不过谁要得到绝好茶品却又不会轻易拿出斗试，苏东坡的《月兔茶》诗即说："月圆还缺缺还圆，此月一缺圆何年。君不见斗茶公子不忍斗小团，上有双衔绶带双飞鸾。"

盛产贡茶的建溪，每年都要举行茶品大赛，也称为斗茶，又称为"茗战"。斗茶既斗色，也斗茶香、茶味。

宋代以后，饮茶一直被士大夫们当作一种高雅的艺术享受。饮茶的环境有诸多讲究，如凉台、静室、明窗、曲江、僧寺、道院、松风、竹月即是。茶人的姿态也各有追求，有的晏坐，有的行吟，有的清谈，有的把卷。

即使在平民之家，茶也成为重要的交际手段。如"东村定昏来送茶"，而田舍女的"翁媪"却"吃茶不肯嫁"。"田客论主，而责其不请吃茶"。农民为了春耕，"裹茶买饼去租牛"。

酒也是宋时消费量很大的饮料，当时的酒可分黄酒、果酒、配制酒和白酒四大类。

黄酒以谷类为原料，"凡酝用粳、糯、粟、黍、麦等及曲法酒式，皆从水土所宜"。由于宋代南方经济的发展，糯米取代黍秫等，成为主要的造酒原料。

宋代果酒包括葡萄酒、蜜酒、黄柑酒、椰子酒、梨酒、荔枝酒、枣酒等，其中以葡萄酒的产量较多，宋代吴炯《五总志》说："葡萄酒自古称奇，本朝平河东，其酿法始入中都。"河东盛产葡萄，也是葡萄酒的主要产区。

白酒是我国独有的一种蒸馏酒。但宋人所谓的"白酒"，并不具有蒸馏酒的性质，当时的称呼是蒸酒、烧酒、酒露等。

宋代两京食店经营的品种十分丰富，以宋末周密《武林旧事》所载临安的情形看，开列的菜肴兼合南北两地的特点，受到人们的广泛喜爱。

阅读链接

宋代饮食风尚虽然以宫廷为旗帜，但引领时尚潮流的却是民间的饮食文化。两宋百姓是我国古代历史上正式开始三餐制的。在此之前，按礼仪天子一日四餐，诸侯一日三餐，平民两餐。三餐制直接带动的餐饮业的繁华，也带来了市坊餐饮间的竞争，除了在各种菜品、餐具上的争奇斗艳，一般著名的酒楼会不惜千金请人赋写诗词以增加自家酒楼的名气。而一些不知名的小店也会打出"孙羊肉""李家酒"等特色招牌。

注重文雅养生的明代饮食

经过宋、元的更迭，各民族间交流融合，尤其是元朝医学家、营养学家忽思慧于1330年撰成的《饮膳正要》，是我国古代最早的一部集饮食文化与营养学于一身的著作。在明代，我国饮食文化发展到一个新阶段。

明王朝的开国皇帝朱元璋起自贫寒，对于历代君主纵欲祸国的教训极其重视，称帝以后，"宫室器用，一从朴素，饮食衣服，皆有常供，唯恐过奢，伤财害民。"经常告诫臣下记取张士诚因为"口甘天下至味，犹未餍足"而败亡的事例。认为"奢侈是丧家之源""节俭二字非徒治天下者当

朱元璋画像

■ 明皇宫宫廷宴席
蜡像

太常寺 属于大
理寺、太常寺、
光禄寺、太仆
寺、鸿胪寺五寺
之一。太常寺是
我国古代掌管礼
乐的最高行政机
关，秦署奉常，
汉改太常，掌宗
庙礼仪，至北齐
始有太常寺，清
末废。

守，治家者亦官守之。"

在灾荒之年，朱元璋还与后妃同吃草蔬粝饭，严惩贪污浪费。太常寺厨役限制在400名以内，只及明后期的十分之一。

明成祖也相当节俭，他曾经怒斥宦官用米喂鸡说："此辈坐享膏粱，不知生民艰难，而暴殄天物不恤，论其一日养牲之费，当饥民一家之食，朕已禁之矣，尔等职之，自今敢有复尔，必罚不宥。"

皇帝的表率和严格治下的作风对吏治的清明起了很大的作用。明代也是我国饮食业的积淀与总结时期，饮食在前代的基础上不断地发展创新，这些都是明代饮食业中的新因素。

郑和七次下西洋，除了一系列政治、经济、文化等作用外，在饮食上使一些海味如鱼翅、燕窝、海参在明代登上宴席，成为人们喜爱和珍贵的饮食。明代关于鱼翅的记载也较多，明代医学家李时珍在《本草纲目》等书里都有记载。

在明代，饮食中更以精致细作为盛事，出现了许多美食家，他们不仅精于品尝和烹饪，也善于总结烹调的理论和技艺。宋元以来，我国的烹饪著作就非常丰富，明代的食书更多，不胜枚举。

在讲究美食、美味的同时，我国传统的养生之道，在明代饮食思想中得到新发展表现为，把饮食保健的意义提高到以"尊生"为目的，在各类饮食著作中受到普遍的重视和发挥。

在理论上阐述比较完备的当以明代戏曲作家高濂的《遵生八笺·饮馔服食笺》为首选。高濂从身体的

■ 明代番邦觐见朝拜复原图

功能构造阐述了饮食和人身体的关系。他认为：

> 饮食活人之本也。是以一身之中，阴阳运行，五行相生，莫不由于饮食，故饮食进则谷气充，谷气充则血气盛，血气盛则筋力强。脾胃者五脏之宗，四脏之气皆察于脾。四时以胃气为本，由饮食以资气，生气以益精，生精以养气，气足以生神，神足以全身，相须以为用者也。

何良俊（1506年～1573年），字元朗，号柘湖居士，明代戏曲理论家。青少年时攻习诗文，爱好戏曲。嘉靖时为贡生，荐授南京翰林院孔目。曾聘请著名老曲师顿仁研讨戏曲音律。后辞官归隐著述。自称与庄周、王维、白居易为友，题书房名为"四友斋"。

明代另一位著名的戏曲理论家何良俊也认为："食者，生民之天，活人之本也。故饮食进则谷气充，谷气充则气血盛，气血盛则筋力强。"如果要修生长寿就要在饮食上多加注意。所以说"故修生之士，不可以不美饮食"。

■ 明皇宫宫廷宴席蜡像

 明皇宫宴请使节蜡像

何良俊还提出了自己对美食的认识和看法，并非仅为佳肴美味，而是饮食观念上要注意一些规范和禁忌，如果饮食无所顾忌，就会生病甚至伤及生命。即"所谓美者，非水陆毕备异品珍馐之谓也。要生冷勿食，坚硬勿食，勿强食，勿强饮，先饥而食，食不过饱，先渴而饮，饮不过多……若生冷无节，饥饱失宜，调停无度，动生疾患，非为致疾，亦乃伤生……此之谓食宜，不知食宜，不足以存生。"

明人郝敬的认识则更深刻，他指出了士大夫养生的误区，认为人们伤生的因素中以饮食最为普遍且未被认识到，指出人们在饮食上过分追求的误区，引导人们对此加以警示：

今士大夫伤生者数等有以思虑操心，伤神久者十之一，奔兢劳碌，伤形久者，十之五，失意填志，伤气久者，十之八，淫昏冒色，伤欲久者十之九，滋味口腹，伤食久者十之十矣。饮食男女，于生久为要，而饮食尤急，人知饮食养生，不悟饮食害生也。

管子云食莫妙于弗饱，故圣人不多食，不以精细求厌

■明酒馆复原场景

足，易卦大过颐颐，养也。大过者，送久之卦。养大过则久。故道家辟谷，禅家以饥为度，以食为药，亦此意也。

在明人议论饮食的话语里，屡次提到"养生""存生""伤生"等字眼，可见明人对个体养生的角度对饮食的追求与重视程度。

古老的"医食同源"的传统在明代的进一步发扬，丰富了食疗的理论，在我国的饮食文化中形成别具一格的养生菜。所以明代的饮食理论是我国烹饪技艺和理论著述走向高峰的重要阶段。

阅读链接　饮食是生命存在的第一需要，被称为人的活命之本。但人类与动物不同的是，饮食不仅为填饱肚子，也是生活享受的基本内容，此种欲望随着经济的发展，水涨船高，日益增强，到明代进入一个新高度。这不单是明代商品经济的繁荣，改善了饮食的条件，以及豪门权贵奢侈淫欲的影响，还表现在启蒙思想中崇尚个性的导引，鼓励人们解放思想，追求人生的快乐和享受，并形成一股不可扼制的社会思潮。

集历代之大成的清代饮食

辽、金、元时期，北方少数民族的饮食习俗传入中原地区，而这种食俗很快就同中原传统食俗相结合，给中华饮食文化注入了新的活力。到了清代，这种食俗表现得最为典型。

满族人在入关前，保持着具有浓厚满族特色的烹饪宴饮方式，盛行"牛头宴""渔猎宴"等。入关后，又不断借鉴吸收汉族饮食精粹及

■《万树园赐宴图》局部

■ 乾隆西湖行宫的
御膳

美味的饮食

上元 又称为"元
宵节""上元佳
节"是我国汉族
的传统节日。正
月是农历的元
月，古人称夜为
"宵"，而十五
又是一年中第一
个月圆之夜，所
以称正月十五为
元宵节。又称为
小正月、元夕或
灯节，是春节之
后的第一个重要
节日。我国幅员
辽阔，历史悠久，
所以关于元宵节
的习俗在全国各
地也不尽相同，
其中吃元宵、赏
花灯、猜灯谜等
是元宵节几项重
要民间习俗。

礼仪方面的特点，逐渐形成了严谨、豪华的宫廷饮食规范。

清宫饮宴种类繁多，皇帝登基有"元会宴"，皇帝大婚有"纳彩宴""合卺宴"，皇帝过生日有"万寿宴"，皇后过生日有"千秋宴"，太后过生日有"圣寿宴"，招待文臣学士有"经筵宴"，招待武臣将军有"凯旋宴"。

另外，每逢元旦、上元、端午、中秋、重阳、冬至、除夕等，清宫都要办宴席，康乾盛世还举行过规模浩大的"千叟宴"。

宫廷宴之时，宴席大殿富丽堂皇，燕乐萦绕，食案之上金盏玉碗，美食纷呈，数不清的龙肝凤髓、四海时鲜令人眼花缭乱，珍馐之丰盛，食器之精美，场面之豪华无与伦比。

道光以后，宫廷宴上还出现了字样拼摆装饰在佳馔之上，如"龙凤呈祥""万寿无疆""三阳开泰""福""禄""寿"等，以示喜庆吉祥之意。

精湛的宫廷烹饪技艺很快传入民间饮食业，各地纷纷效仿的菜谱，酒楼茶肆更是作为赚钱的招牌。由此，清代各地开始盛行专味宴席，如全羊席、全凤席、全龙席、全虎席、全鸭席等。

清代著名诗人、散文家袁枚称全羊席为"屠龙之林，家厨难学"，一盘一碗，全是羊肉，但味道千变万化，无一雷同，足见烹调技艺之精湛。

在清代康乾盛世还出现了满汉全席，满汉全席是清代最高规格的宴席，是中华饮食文化物质表现的一个高峰。满汉全席集宫廷满席与汉席精华于一席，规模宏大，礼仪隆重，用料华贵，菜点繁多。

传说"满汉全席"是由苏州城一介平民张东官所创，他也由此升为皇宫御厨，成为了一代厨艺宗师。张东官本来做菜技艺一般，但他身藏两样绝活：一样在手上，他会一手要杂技一般的切菜功夫；一样在嘴上，他有一条能尝出百味配料的舌头，而且巧舌善辩，能背大段菜名。

满汉全席

康熙皇帝擒鳌拜、平三藩后，国家安定，百姓安居，大清王朝进入了太平盛世。康熙深知"得人心者昌"，他决定巡幸江南，访求前朝大贤，消除满汉嫌隙，但遭到朝中满族权贵严亲王等人的反对。

于是，康熙决定以"口腹之欲"作为突破口，去江南寻访美食。张东官就是在这期间凭借自己三寸不烂之舌而被康熙御封为"江南第一名厨"，被选进了皇宫御膳房，从此开始了他创立满汉全席的人生四部曲。

张东官由于不懂规矩又不会做菜，因此在宫廷中险象环生，不得不逃出皇宫，但在逃跑的过程中，他却走上了学习厨艺的历练之路。他博采众家之长，凭借自己的超人天赋，将中华民族各地美食精粹"烩"于一炉，成为一代厨艺宗师。

后来，张东官被重新召回皇宫，并成为"千叟宴"的主厨，在这次著名的大宴上大功告成。当时张东官自编一套一百零八品的宴席食谱，创立了满汉全席。

"千叟宴"之后，张东官辞去御膳房总管之职，在京城开了一家最大的酒楼，"为天下人做菜"。康熙御笔钦赐"满汉楼"招牌。满汉楼宾客盈门，"满汉全席"流传到民间，逐渐成为天下第一宴。

在清代，我国饮食文化的另一最辉煌成就是"四大菜系"，即

美味的饮食

■满汉全席

■ 浙菜之杭帮菜

苏、粤、川、鲁四种烹饪流派的形成。这一形成过程很早，甚至可追溯到先秦，但一直到清代中期以后才真正定型，由此构成了我国烹饪文化的典型地域特点，反映着地理、气候、物产、文化的差异。

苏菜狭义指以扬州为中心的江苏地方菜系，从广义上说也包括浙江等东南沿海地区的烹饪系统，又称"淮扬菜"。

苏菜有四大特点：

一是讲究清淡，但又淡而不薄，注意保持食料的原汁原味，善用清汤，甜咸适度，反对辛香料使用过多，调味过重以致掩盖了食料本味；

二是善以江湖时令活鲜为原料烹制特色菜肴，如蟹黄狮子头、清蒸鲥鱼、西湖醋鱼、鲜藕肉夹等，均为远近闻名的美味；

三是点心小吃精美，品种极多，尤善以米制成的各类糕团；

四是味兼南北，因而易被南方人和北方人接受。

粤菜源于广东，特别是珠江三角洲地区，既是岭南政治、经济、文化中心，又是具有2000年历史的古老港口。粤菜不仅基于传统的潮汕食俗，而且也吸收

千叟宴 最早始于康熙，盛于乾隆时期，是清宫中规模最大、与宴者最多的盛大御宴，在清代共举办过4次。清帝康熙为显示他治国有方，太平盛世，并表示对老人的关怀与尊敬，因此举办盛大御宴。康熙五十二年，即1713年，在畅春园第一次举行千人大宴，康熙帝即席赋《千叟宴》诗一首，故得宴名。

■ 苏菜蟹黄狮子头

了往来广东的外国人引进的异国风味，经过改良创造，逐渐形成了自成一家的粤菜体系。

粤菜有四大特点：

一是收料广博，追求海鲜、野味，一些其他菜系所不用的食材如蛇、龙虱等，均为粤菜之美味；

二是调料与烹饪技法出新，如蚝油、沙茶等地方调料、咖喱等外来调料均常用于菜肴烹制，独到的烹饪技法有焗、煀等；

三是重滑、爽，许多菜肴强调火候宁欠勿过，以免使食料变老烧焦，不喜用芡汁过多；

四是讲营养、重滋补，食疗是粤菜所突出强调的。

粤菜的著名菜肴有：烤乳猪、龙虎斗、东江盐焗鸡、大良炒牛奶等。

川菜的发源地是巴蜀，巴蜀四季常青，物产极丰富。历史上由于蜀道之难，所以偏安一隅，避免了多次中原战乱的直接影响，经济较繁荣，也推动了饮食文化的发展。

川菜继承了先秦巴蜀菜的特点，融汇了秦食的精华，战国后吸取了迁徙入川的诸羌支系带来的河湟风味，汉、氐、羌移民带来的西北风味及西迁百越人带来的岭南风味等，于唐宋时期发展成为了中国颇有影响的大菜系。

川菜的特点是菜式繁多，一菜一格，百菜百味，麻辣醇香。川菜调味以麻辣著称，常用辣椒、花椒，这与气候有关。四川常年空气湿度大，二椒有除湿作用，所以深受巴蜀人钟爱。

川菜的辣味变幻无穷，分香辣、麻辣、酸辣、胡辣、微辣、咸辣等数种，做到了辣而不死，辣而不燥，辣得适口，辣得有层次，辣得有韵味。

川菜烹饪手法繁多，尤善小煎小炒、干烧干煸，著名菜点数不胜数，如樟茶鸭子、麻婆豆腐、宫保鸡丁、棒棒鸡丝、水煮牛肉、毛肚火锅、干烧鱼等。四川小吃也相当著名，如赖汤圆、夫妻肺片、龙抄手、担担面等，地方色彩浓郁。

鲁菜的发源地是山东半岛濒临黄、渤海的齐国故都临淄和鲁国故

■苏菜松鼠鱼

■ 苏菜西湖醋鱼

都曲阜。鲁菜继承发扬了齐都饮食传统和孔府菜特色，形成了在北方享有很高声誉的著名菜系。

鲁菜是四大菜系中最富有宫廷韵味的菜系。鲁菜庄重大方，厨艺精深；同时高级大菜颇多，用料考究，善用燕窝、鱼翅、鲍鱼、海参、鹿肉、蘑菇、银耳、哈什蟆等高档食料烹制厚味大菜。

另外，鲁菜在营养方面偏重高热量、高蛋白，如九转肥肠、脆皮烤鸭、脱骨烧鸡、炸蛎黄等，以满足北方寒冷地区人民的饮食需求。

鲁菜烹法精于炒、熘、烩、扒，并喜以汤调味，如用老母鸡、猪蹄等制成的汤料溦锅，或以奶作汤汁等。

九转肥肠是鲁菜的代表菜肴。相传，清光绪年间有一杜姓巨商，在济南开办"九华楼"酒店。此人特别喜欢"九"字，干什么都要取"九"字，九转本是道家术语，表示经过反复炼烧之意。九华楼所制的"烧大肠"极为讲究，其功夫犹如道家炼丹之术，故取名为"九转肥肠"。

鲁菜佳品"余西施舌"淡爽清新、脆嫩。相传，清末文人王绪曾赴青岛聚福楼开业庆典，宴席将结束时，上了一道用大蛤腹足肌烹制而成的汤肴，色泽洁白细腻，鲜嫩脆爽。王绪询问菜名，店主回答尚无菜名，求王秀才赐名。王绪乘兴写下"西施舌"3个字。从此，此菜得名"氽西施舌"。

除苏、粤、川、鲁四大菜系外，素菜系和清真菜系在我国也有悠久的历史和广泛的影响，至清代已经发展成熟。

在我国古代，人们当遇到自然灾害或者人为祸患时，就有"斋戒"吃素的习俗，以表示警醒或惩戒自己，并向神灵祈祷。后来佛教的盛行，更促进了素菜系的形成，并倡导了食素风尚。

民间素菜也很盛行，上海功德林，广州菜根香，泰山斗母宫等都为后世著名的素食馆，其全素菜和仿荤菜均达到了很高水平。仿荤菜不仅外形可以假乱真，而且风味甚至"能居肉食之上"，妙不可言。历代王公贵族也有崇尚素菜之习，如清宫御膳房就专设"素局"，专做素菜。

清真系是随着伊斯兰教的传入而盛行的。隋代穆罕默德的四大弟子从海路来华，分别在广州、泉州、扬州和杭州传教或建寺。此后，陆续有大量的阿拉伯人从陆路进入我国西北，聚居西安、银川等地，

■ 博山豆腐箱

川菜宫保鸡丁

而后逐渐形成了回族。

回族依据伊斯兰教的习俗，并吸取了古代西北、东北等游牧民族的饮食传统及我国信奉伊斯兰教的各民族饮食文化特点，形成了带有浓厚伊斯兰文化特色的清真系。清真系禁食猪、狗、马、驴、骡及无鳞鱼，擅长以牛羊肉做菜。

我国饮食文化历史悠久，经历了几千年的历史发展，已成为中华民族的优秀文化遗产、世界饮食文化宝库中的一颗璀璨的明珠。我国饮食文化博大精深，博采众长，在清代则达到了高峰。

阅读链接

包括"茶文化""酒文化"和"食文化"在内的中国传统饮食文化在中国传统文化中占有特殊地位。由于饮食是人类生存的最基本需求之一，也由于我国自古以来注重现世的务实精神，使得饮食在我国历来受到特别的重视。在汉代，甚至出现了"民以食为天"的口号，后世广为流传。正是由于饮食在我国的特殊地位，才创造出广博、宏大、精美的饮食文化，我国也被世界人民誉为当之无愧的美食王国。

筷子文化

筷子是我国古代人民发明的独步世界的进食用具，称为"箸"。箸是两根形状、规格、材质完全一致的小棍，具有正直、坚韧、诚朴的象征，而且两只箸之间无任何机械联系，而通过手指的操作，默契和谐，协同动作，这正是中华民族性格的物化形象。

我国凡从3岁儿童开始均会使用筷子，它的普及性是任何一个生活用具无法比拟的。筷子传承着中华民族的特色文化，无论到何时何地，中国人进食用具都很难离开筷子。筷子可谓是我国国粹，在世界各国餐具中独树一帜，被西方人誉为"东方的文明"。

源于远古煮羹而食的筷子

在我国古代，筷子叫"箸"，有着悠久的使用历史。《礼记》中曾说："饭黍毋以箸。"可见至少在殷商时代，华夏先民已经使用筷子进食了。

在我国殷商时代，已经有了象牙筷子。《韩非子·喻老》载：

■ 原始人狩猎场景复原图

■ 原始人生活场景
复原图

"昔者纣为象箸，而箕子怖。"纣就是殷纣王。当时是殷代末期，纣王用象牙做筷子，这是有文字记载的第一双象牙筷子。

在殷墟等商代墓葬中，发现商代甲骨文有"象"字，还有"获象"和"来象"的记载。《吕氏春秋·古乐》中也有"商人服象"之句。据《本味篇》载："旄象之约"，就是说象鼻也是一种美食。由此可知殷商时代中原野象成群。正因商代有象群可以围猎，才有"纣为象箸"的可能。

但是，这也并不是我国的第一双筷子，而仅仅是第一双象牙筷子。我国的筷子还要向前推1000年，最早的是竹木筷而不是象牙筷。人类的历史，是进化的历史，随着饮食烹调方法改进，其饮食器具也随之不断发展。

在原始社会时期，大家以手抓食，到了新石器时期，我们的祖先进餐大多采用蒸煮法，主食米豆用水

殷墟 我国商代后期都城遗址，是我国历史上被证实的第一个都城，位于河南安阳殷都小屯村周围，横跨洹河两岸，殷墟王陵遗址与殷墟宫殿宗庙遗址、洹北商城遗址等共同组成了规模宏大、气势恢宏的殷墟遗址。商代从盘庚到帝辛，在此建都达273年。

■ 姜尚画像

煮成粥，副食菜肉加水烧成多汁的羹，食粥可以用匕，但从羹中捞取菜肉则极不方便。当时，我们祖先由于生活在原始森林里，于是就在原始森林里折下树枝，在陶锅里把煮熟的很烫的菜夹出来或捞出来。

《礼记·曲礼上》对此记载说，"羹之有菜用梜，其无菜者不用梜。"郑玄注"梜，犹箸也。"又说："以土涂生物，炮而食之。"即把谷子以树叶包好，糊泥置于火中烤熟。而更简单的方法，是把谷粒置火灰中，不时用树枝拨动，使其受热均匀而后食之。

先人是在这一过程中得到的启发，天长日久，人们发现以箸夹取食物不会烫手，制作又很方便。于是，就产生了最原始的筷了。但当时有长有短，有粗有细。在捞来捞去的过程中间，逐步产生了固定的形制。

远古的时候，筷子多是就地取材的树枝或木棍、天然的动物骨角，原始社会末期是修削后的木筷或竹筷。

夏商时期，又出现牙筷、玉筷。等到了殷纣王"纣始为象箸"的时候，筷子已经形成了粗细长短都相同的状态。

而有关筷子的起源，在我国民间有3个传说。商周时期大军事家姜子牙与筷子的传说流传于四川等地。说的是姜子牙只会直钩钓鱼，其他事一件也不会干，所以十分穷困。他老婆实在无法跟他过苦日子，就想将他害死另嫁他人。这天姜子牙钓鱼又两手空空回到家中，老婆说："你饿了吧？我给你烧好了肉，你快吃吧!"

姜子牙确实饿了，就伸手去抓肉。窗外突然飞来一只鸟，啄了他一口。他疼得"啊呀"一声，肉没吃成，忙去赶鸟。

当姜子牙第二次去拿肉的时候，鸟又啄他的手背。姜子牙犯疑了："鸟为什么两次啄我，难道这肉我吃不得？"

为了试鸟，姜子牙第三次又去抓肉，这时鸟又来啄他。姜子牙知道这是一只神鸟，于是装着赶鸟一直追出门去，直追到一个无人的山坡上。

神鸟栖在一枝丝竹上，并呢喃鸣唱："姜子牙呀姜子牙，吃肉不可用手抓，夹肉就在我脚下……"

姜子牙听了神鸟的指点，忙折了两根细丝竹回到家中。这时老婆又催他吃肉，姜子牙于是将两根丝竹伸进碗中夹肉，突然看见丝竹"咝咝"地冒出一股股青烟。

姜子牙假装不知放毒之事，对老婆说："肉怎么会冒烟，难道有毒？"说着，姜子牙夹起肉就向老婆

姜子牙（公元前1156年～公元前1017年），姜姓，吕氏，名尚，一名望，字子牙，别号飞熊，商朝末年人。姜子牙曾辅佐了西周王，称"太公望"，俗称太公。西周初年，被周文王封为"太师"。姜子牙是齐国的缔造者，齐文化的创始人，亦是我国古代的一位影响久远的杰出的韬略家、军事家与政治家，儒、法、兵、纵横诸家皆奉他为本家人物，被尊为"百家宗师"。

筷子文化

■ 原始人生活场景浮雕

姜子牙陶俑

嘴里送。老婆脸都吓白了，忙逃出门去。

姜子牙这时明白此丝竹是神鸟送的神竹，任何毒物都能验出来，从此每餐都用两根丝竹进餐。

此事传出后，姜子牙的老婆不但不敢再下毒，而且四邻也纷纷学着用竹枝吃饭。后来效仿的人越来越多，用竹筷吃饭的习俗也就一代代传了下来。

第二个传说与妲己有关，流传于我国江苏一带。说的是商纣王喜怒无常，吃饭时不是说鱼肉不鲜，就是说鸡汤太烫，有时又说菜肴冰凉不能入口。结果，很多厨师都被严惩。纣王的宠妃妲己也知道纣王难以侍奉，所以每次摆酒设宴，她都要事先尝一尝，免得纣王咸淡不可口又要发怒。

有一次，妲己尝到有几碗佳肴太烫，可是调换已来不及了，因为纣王已来到餐桌前。妲己急中生智，忙取下头上长长的玉簪将菜夹起来，吹了又吹，等菜凉了一些再送入纣王口中。纣王非常高兴。

后来，妲己即让工匠为她特制了两根长玉簪夹菜，这就是玉筷的雏形。以后这种夹菜的方式传到了民间，便产生了筷子。

筷子的发明使用，对中华民族智慧的开发是有一定联系的。尽管是一双简单得不能再简单的筷子，但它能同时具有夹、拨、挑、扒、撮、撕等多种功能。同时，成双成对的筷子也蕴含着"和为贵"的中华传统文明。

《礼记·曲礼上》又载："羹之有菜者用梜，无菜者不用梜。"梜也就是筷子。先秦时，菜除了生吃外，多用沸水煮食。按照当年礼制，箸只能用于夹取菜羹，饭是不能动箸的，否则被视为失礼。

西汉司马迁《史记》也有此说："……犀玉之器，象箸而羹。"所以当年箸的作用较单纯，仅是用来夹取菜羹而已，至于吃饭依然保持原始的习俗，抓而食之。

祖上传下来的规矩，谁也不敢更改，怕违反食俗礼制。尽管抓食不卫生，又麻烦，但他们还是墨守成规，每餐以箸夹菜，以手捏饭，数百年不曾改变。

还有一个重要的原因，要是以箸吃饭，必须有较轻小的碗，但商周时的食器都比较笨重，难以用一只手来捧持，另一只手用来握箸。即使是较小的"豆"，也是以盛肉为主，具有盖和高足，无法端在人们手中。

人们以左手持饭，右手握箸夹菜，一日三餐皆要如此，会感到这样进膳既麻烦又不方便，当饭前要洗手抓饭，饭后抓饭黏乎乎的手更要洗时，也会有人在厌烦之际，忽然发觉箸不但有夹菜的作用，同时

■ 筷子制作蜡像

也有扒饭入口的功能!

人们终于意识到了以手抓食的种种弊端,而又欣喜地发现箸的优点和多功能,于是将墨守成规的进餐旧俗加以改革,改成完全以箸夹菜吃饭。

但筷箸的优越性和多功能是客观存在的。当我们祖先渐渐发现箸不但能夹,还能拨、挑、扒、撮、剥、戳、撕时,也就人人欣喜地以箸在餐桌上扮演了除舀汤外的一统天下的角色。

战国晚期的墓葬中,已很少发现盘、匜等礼器。先秦之人因以手抓饭,所以饭前必以盘、匜洗手。随着时代的进化,先民懂得以箸代替手扒饭后,洗手不再是吃饭前必要的礼仪,故用盘匜陪葬也逐渐减少了。盥洗盘匜陪葬的消失,也可说明筷箸在战国晚期或秦始皇统一中国后,已成为华夏民族食菜和饭的主要餐具。

到了西汉初年,才出现圆足的平底小圆碗。从洛阳、丹阳和屯溪的西汉墓葬出土的碗、盘来看,不少是釉陶,分量较轻而色泽皎洁。这种碗显然可配合筷箸吃饭使用,再从湖南长沙马王堆西汉初期墓葬的成套漆制耳杯和竹箸来看,可以肯定那时进餐全以筷箸来一统天下了。

阅读链接 大禹在治水中偶然产生使用筷箸的最初过程,使后世的人们相信这是真实的情形。它比姜子牙和妲己制筷子传说显得更纯朴和具有真实感,也符合事物发展规律。促成筷子诞生,最主要的契机应是熟食烫手。上古时代,因无金属器具,再因兽骨较短、极脆、加工不易,于是先民就随手采折细竹和树枝来捞取熟食。当年处于荒野的环境中,人类生活在茂密的森林草丛洞穴里,最方便的材料莫过于树木、竹枝。正因如此,小棍、细竹经过先民烤物时的拨弄,急取烫食时的捞夹,蒸煮谷黍时的搅拌等,筷子的雏形逐渐出现和完善,是华夏先民聪明智慧的体现。